U0122971

看跌：買入認沽期權
Long Put

看漲：買入認購期權
Long Call

期權攻略

看跌：沽空認購期權
Short Call

OPTIONS
STRATEGY

看漲：沽空認沽期權
Short Put

黃栢中 著

寶瓦出版有限公司
Provider Publishing Limited

目錄

2023 年版序

在 2023 年版，筆者因應期權市場的發展，增加介紹了香港期權市場發展及期權產品，中國內地的期權市場發展及產品，以及美國期權市場的近年發展及期權產品。

香港期權市場近年快速發展，推出多項新期權產品：包括每周到期的指數期權合約，恒生科技指數期權合約及美元兌人民幣滙率期權合約。

中國內地期權市場現已進入宏大的發展階段，本版特別介紹近年中國推出的主要股指期權合約，商品期貨期權合約，並介紹合約的設計及交易條款。

中國期權市場的流動性和影響力將成為世界上的主導金融力量，環球的投資者都將關注中國期權市場的活動以部署投資策略。

此外，本版亦介紹美國期權市場的最新發展及產品。

由本版開始，《期權攻略》將交新的出版社發展，盼望讀者繼續支持。

黃栢中

2023 年 3 月 春天

緒論

自 1998 年本書第一版面世，投資市場的結構已經變質，期權市場電子化，程式交易，投資，對沖，套利活動，以及莊家活動，令期權買賣差價大幅收窄，市場深度加強，買賣執行加速。可以說，期權市場的速度已非肉眼可以掌握。隨著期權交易普及化，期權市場將決定期貨及現貨市場的流動性及發展。

隨著投資市場的發展，現時不少投資產品都有期權的成份。期權是一種十分靈活的投資工具，透過不同的期權組合，投資者可進行低風險或高風險的策略，以達致不同的投資目標。

掌握期權概念對於現代投資市場而言已愈來愈重要，甚至到了不可或缺的階段。愈來愈多給予一般投資者的投資產品已帶有期權因素。不了解期權的概念而參與現代投資產品的投資者，難免失諸交臂。

不少傳統智慧在近年的投資市場都已見失效，由於市場資訊傳播愈來愈發達，市場的透明度亦愈來愈高，投資知識亦日趨平民化，投資機會經常轉瞬而逝。

事實上，投資機會來去匆匆，是現代投資市場的一大特徵，或正確地說，投資的風險其實亦相應增加，入市太早或入市太遲，兩者都令投資者身處市場風險之中。特別在資訊爆炸的時代，錯誤評估突如其來的消息或市場變化，投資風險的殺傷力可不能小看。

上述風險對散戶如是，對投資基金經理以至投機大戶一樣如是。投資專業人士較於散戶的優勝之處是，專家對於風險有較大的警覺性，而專家亦有足夠的財技去控制這些市場的風險。

近年期權市場的成長，可說是對市場結構一大的改變，投資者只要能夠掌握足夠的期權知識，便可以根據其對市場風險的看法而利用期權作為投資、對沖或套利的策略性工具。從而使市場風險變為市場的機會。

有人會認為：期權及認股證的出現往往令市場更加投機，而讓投機大戶更易於造市，因而應該限制這些市場的發展。但筆者認為，這些衍生工具其實是一種風險管理的工具，有助現貨市場的成長，既然衍生工具的發展已是世界潮流之所趨，最積極的做法應該是讓投資大眾都能夠掌握風險管理的概念，並熟悉期權的運用，從而令大小戶都可在公平的場地上競賽。

事實上，若我們能夠掌握到現貨，期貨與期權之間的關係，並在投資策略上配合應用，我們往往可以減少投資風險。

本書總結了筆者對期權市場的經驗，發展，研究及資料搜集，希望能夠幫助讀者以最快的速度掌握期權應用的技巧，從而使期權作為投資市場上攻守的利器。

本書分為以下幾個部分：

第一部分是介紹期權市場的發展，期權的概念，並且介紹現行市場用期權作為投資攻略的方法。

第二部分是介紹期權平價原理，與歐式及美式期權的理論定價模式，從而介紹期權套利及對沖的方法，使投資者在利用期權投資之餘，亦明白期權風險的管理方法。

第三部分是實戰篇，筆者引用多個市場例子以說明期權投資的各種策略及竅門。

第四部分是介紹主要期權市場的產品及運作，讓讀者對期權交易的實務有更深的認識。

第一章

期權市場的發展

對於大部分亞洲投資者來說，期權 (Options) 可說是一種新生的投資工具，由於其中的理念較為複雜，不少投資者都對期權比較顧忌，不敢沾手。

另外，由於圍繞著期權市場亦有不少的誤解及傳聞，令一般投資者都誤以為期權是一種高風險的投機工具，會搞亂市場的供求關係，引致市價大幅波動，甚至令市場出現危機。

其實，只要投資者能正確瞭解期權的原理及其風險與回報的來由，投資者將會發現，期權是一種百變的投資利器；投資者既可應用期權作為高槓桿率的投資工具，亦可用期權作為低槓桿率的投資。此外，期權亦是一種對於現貨及期貨的有效對沖工具，可為投資者減低市場風險。最後，透過現貨與期貨、現貨與期權及期貨與期權的互動與套戲，市場將趨向更有效率，而現貨市場將更能反映其合理價值。

現實上，期權在西方投資市場早已是耳熟能詳的東西，倫敦的證券期權買賣可追溯到 1690 年，而美國的證券期權買賣亦可追溯至 1790 年。在二十世紀初，美國的股票及期貨經紀在認購期權 (Call) 及認沽期權 (Put) 方面的買賣已十分活躍，這些期權合約往往由股票交易所會員所保證，有一定的認受性。

不過，西方期權市場的發展亦非一帆風順，其中，在三十年代西方經濟大蕭條期間，以及二次世界大戰後的一段時間，期權市場均曾受到英、美政府所干預而禁止買賣。不過，期權買賣實際上從未停止過。

期權市場真正能長足發展者，應首推 1973 年美國芝加哥期權交易所 (Chicago Board Options Exchange, CBOE) 的成立。此交易所最初只買賣十數種股票認購期權合約，而認沽期權則在 1977 年才開始買賣。

1975 年，美國股票交易所 (American Stock Exchange, AMEX) 及費城股票交易所 (Philadelphia Stock Exchange, PHLX) 亦開始買賣股票期權，令場內期權市場更具規模。

到 1982 年，另一個發展又在醞釀之中。由於美國芝加哥商業交易所 (Chicago Merchantile Exchange, CME) 在該年推出標準普爾五百指數期貨買賣 (Standard and Poor's 500 Index Futures, S&P 500 Futures)，交投暢旺，遂帶動了 1983 年各種股票指數期權合約亦紛紛在芝加哥期權交易所 (CBOE)、美國股票交易所 (AMEX) 及紐約證券交易所 (NYSE) 買賣。在期貨市場，股票指數期貨的期權合約亦應運而生。

到 1985 年，外滙期權亦開始在芝加哥及費城買賣。在八十年代，債券、農產品及原油期貨的期權合約亦相繼面世，帶來一片百花齊放的景象。

（註：有興趣進一步瞭解衍生工市場發展的讀者，可參考 Don M. Chance 在《Derivatives Ouarterly》1995 年冬季發表的 A Chronology of Derivatives 一文。）

其實，在八十年代起，世界各地的場內期權市場都如雨後春筍一樣紛紛出現，令世界期權市場進一步壯大。

香港期權市場發展

香港場內期權市場在九十年代開始起步，在 1993 年 3 月 5 日香港期貨交易所推出了恒生指數 (HSI) 期權合約。

股票期權方面，香港聯合交易所亦於 1995 年 9 月開始買賣股票期權，至今已有超過 100 隻藍籌、中國股票及科技股供選擇。

2002 年 11 月 18 日香港期貨交易所推出小型恒生指數期權。

2004 年 6 月，香港期貨交易所推出恒生中國企業指數 (HSCEI) 期權。

2016 年 9 月 5 日，香港期貨交易所推出小型恒生中國企業指數 (MCH) 期權。

2017 年 3 月 20 日，香港期貨交易所推出首隻人民幣貨幣期權：美元兌離岸人民幣 (CNH) 滙率期權。

2019 年 9 月 16 日，香港期貨交易所推出每週到期的指數期權，包括恒生指數及恒生國企指數的每週指數期權合約。

2022 年 11 月 28 日，香港期貨交易所推出恒生科技指數 (HTI) 期貨期權合約。

中國股指期權開創性發展

作為風險管理對沖工具，中國於 2019 年開始，陸續推出 A 股股指期權，開展中國期權市場。

中國金融期貨交易所於 2019 年 12 月 23 日推出滬深 300 股指期權，成為中國最活躍的期權合約。

滬深 300 指數是追蹤中國滬深股市 300 隻具有代表性的成份股，覆蓋滬深兩市 A 股的流通市值超過 70%。

同時，上交所於 2019 年 12 月 23 日推出滬深 300 ETF 期權合約（標的為整華泰柏瑞滬深 300ETF（代碼：510300））。

而深交所亦於 2019 年 12 月 23 日推出滬深 300 ETF 期權合約（標的為嘉實滬深 300ETF（代碼：159919））。

對於 A 股大盤股，中國金融期貨交易所於 2022 年 12 月 19 日推出上證 50 指數期權。

　　對於 A 股中盤股，上海證券交易所於 2022 年 9 月 19 日推出中證 500 ETF 期權合約（代碼：510500）。

　　中證 500 指數是反映 A 股首 300 檔股票以外的 500 檔股票的中盤股票的走勢。

　　對於 A 股小盤股，中國金融期貨交易所於 2022 年 7 月 22 日推出中證 1000 股指期權合約。

　　中證 1000 指數是 A 股小盤板塊的市場基準，即 A 股市場首 300 隻大盤股及 500 隻中盤股以外的 1000 隻小盤股。

　　相信中國內地的期權市場將快速發展，流通性將帶動中國股市進入更高臺階！

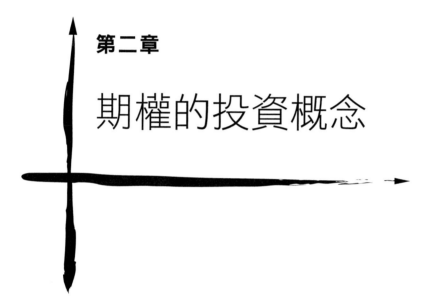

第二章

期權的投資概念

　　期權投資對於入門者而言，無疑是較為複雜，除了因為期權有多種不同的投資組合外，期權市場上亦有頗多相關術語，概念不清楚的話，入門者便往往會迷失方向，難以對期權合約貫徹了解。

　　其實，投資者只要能夠掌握到期權分析的竅門，一切問題便可迎刃而解。首先，投資者必須掌握期權的性質及風險與回報的形式；其次，投資者必須要清晰分辨各種期權專有名詞的意義；最後，投資者若能領悟期權金受哪幾種市場因素所影響，則期權投資的學問便大致上在其裡面，萬變不難其宗。

　　在本章裡面，我們會從最基礎的期權概念入手，從而解釋各種名詞的意義。

期權的意義

　　期權（Option）基本上分為兩種，包括認購（看漲）期權（Call）及認沽（看跌）期權（Put）。

　　期權如期貨合約一樣，既可買入，亦可沽空，即既可作長倉（Long），亦可作短倉（Short）。

A. 買入期權

(1) 買入認購期權

　　投資者付出期權金買入認購期權，表示持有者有權在到期日或之前，以期權合約所定的行使價買入合約所制定的資產。

　　如果指定資產的市價在到期日仍未高於行使價，在市場購買指定資產尚較行使期權所購得的便宜，則認購期權的價值便消失，而投資者大的損失便是所付出的期權金。

相反，如果在期權到期前，指定資產的市價高於行使價，投資者可以較低的行使價買入指定資產，並在市場以較高價沽出，投資者行使期權便可賺取指定資產市價與行使價之間的差價，從而獲利。上述差價愈大，獲利將愈豐。

因此，理論上，以買入認購期權作為看好市況的投資工具，是以有限風險（期權金），換取無限制回報的可能（市價與行使價之間的差價）的「刀仔鋸大樹」投資策略。（見圖 2.1）

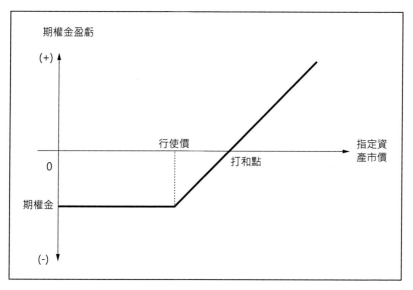

圖2.1 買入認購期權盈虧圖

(2) 買入認沽期權

投資者付出期權金買入認沽期權，表示持有者有權在到期日或之前，以期權合約所定的行使價沽出合約所指定的資產。

如果指定資產的市價在到期日高於認沽期權的行使價，將表示行使認沽期權並無利可圖，期權價值亦因而消失。相反，如果指定資產的市價低於行使價，將表示認沽期權的持有者可以在較高價的行使價沽出資產，並在市場以較低價買回資產，投資者亦

有利可圖。行使價與當時市價之間的差價愈大，認沽期權持有者的利潤將愈豐。

　　由此可見，以買入認沽期權作為看淡市況的投資工具，是以有限風險（期權金），換取無限制回報的可能（指定資產市價與行使價之間的差價）的投資策略。（見圖 2.2）

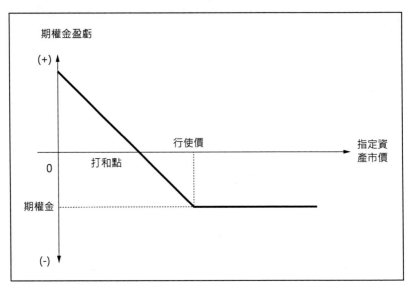

圖2.2　買入認沽期權盈虧圖

B. 沽空期權

　　在期權市場中，有買必有賣，沽空期權在英文既可稱為 Short，亦稱作 Write。

(1) 沽空認購期權

　　對於沽空認購期權，沽空者收取期權金，有義務在到期前，當期權被行使時，必須按合約訂明的行使價將指定資產沽予期權持有者。

　　若指定的資產市價在到期時仍在行使價之下，表示行使期權無利可圖，沽空者可以賺取期權金。相反，若所指定的資產市價在行使價之上，期權行使後將有利可圖，沽空者須以行使價沽出指定資產，所損失的是行使價與指定資產市價之間的差價。換言之，沽空者最大的利潤是期權金，而風險則並無限制。（見圖2.3）

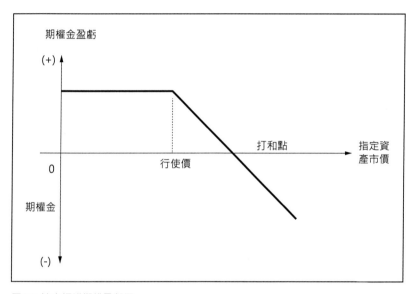

圖2.3 沽空認購期權盈虧圖

(2) 沽空認沽期權

　　對於沽空認沽期權，沽空者收取期權金，有義務在到期前，當期權被行使時，必須按合約訂明的行使價，向認沽期權持有者買入指定的資產。

　　若指定資產市價在行使價之上，認沽期權失去價值，沽空者可賺取期權金。

　　若指定資產市價在行使價之下，行使認沽期權將有利可圖，沽空者必須以較市價為高的行使價買入指定資產，而沽空者所蒙受的損失是行使價與指定資產市價之間的差價。

換言之，沽空認沽期權最多可賺取期權金，而風險則並無限制。（見圖 2.4）

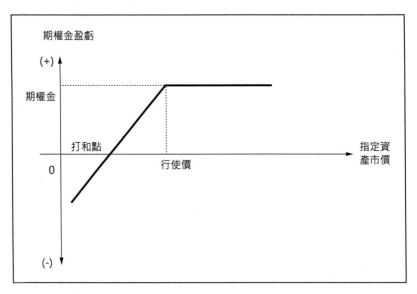

圖2.4 沽空認沽期權盈虧圖

專有名詞釋義

對於期權合約，有幾個專有名詞必須清楚：

(1) 期權金 (Option Premium)

即期權的價格。

(2) 指定資產 (Underlying Assets)

亦可稱為指定投資工具 (Underlying Instrument)，是期權所代表的實際資產，數量按合約數量釐定。

指定資產既可指合約數量的股票，合約數量的商品，例如黃金、大豆，亦可指股市指數。指定資產可為現貨合約或期貨合約。

(3) 行使 (Exercise)

期權持有者有權利要求行使期權，而期權沽家須在收到行使通知時履行交收的義務，直至期權到期為止。

行使期權的意思，是要求期權沽家按合約指定價格（行使價）買入或賣出合約數量的指定資產，進行交收。

(4) 行使價 (Strike Price)

英文亦可稱為 Exercise Price，是期權合約所訂明的指定資產買賣價格，並不需要參考當時市價。

(5) 行使方式 (Exercise Style)

期權的行使方式基本有兩種：

(i) 歐式行使方式 (European Exercise)
意思是期權只可以在期權到期日才被行使。

(ii) 美式行使方式 (American Exercise)
意思是期權在未到期前均可被行使。

香港的恒指期權屬歐式期權，而香港聯合交易所的股票期權則為美式期權。

(6) 到期日 (Expiration Day)

歐式期權被行使的營業日。美式期權最後可被行使的一個營業日。

(7) 結算方式 (Settlement Methods)

期權的結算分兩種：

(i) 實物交收 (Physical Delivery)

買賣雙方以指定資產的合約數量透過結算公司進行交收。此外，期貨期權是交收期貨合約。

(ii) 現金交收（Cash Settlement）

買賣雙方以指定資產結算價與行使價之差的折實現金金額進行交收，並不涉及實物。

期權金（Option Premium）的意義

從期權買家及沽家的角度來看，期權買賣雙方的風險及回報似乎不成正比。

買入期權者以有限的期權金博取無限制的回報；相反，沽空期權者以無限的風險博取有限的期權金。

若期權買賣的意義僅屬如此，世上應無沽空期權市場出現。然而，目前期權市場迅速增長，期權沽家樂於參與市場，證明期權沽家另有想法。由於期權在未到期前時間帶來風險和機會，因此，期權沽家可向期權買家要求一個滿意的溢價（Premium），以補償沽空期權所帶來的義務。此一溢價，便是期權的價格──期權金（Option Premium）。

期權金是以指定資產的單位報價，因此，在計算實際金額時，必須將報價乘以合約數量（Contract Size）或合約乘數（Contract Multiplier）。

實例一：

美國紐約商業交易所（NYMEX）COMEX 部的黃金期貨期權是以 100 安士為一手，則期權金 1.5 美元的牽涉金額是：

US$1.5 × 100，亦即 150 美元。

實例二：

恒指期權報 350 點，恒指合約規定為每點港幣 50 元，則上述期權所涉及的金額是：

350 點 × HK$50 = HK$17,500

決定期權金的因素

期權金的價值主要有兩個組成部分，包括：內在值（Intrinsic Value）及時間值（Time Value）。

期權金＝內在值＋時間值

A. 內在值

內在值的意思是，若期權被行使，指定資產的市價與行使價之間的差價便為內在值。

(1) 若為認購期權：

- 資產市價低於行使價者，由於期權即使行使亦無利可圖，因此內在值為 0。
- 若資產市價等如行使價，期權行使亦無利可圖，故內在值亦等如 0。
- 若資產市價大於行使價，期權行使有利可圖，故內在值為資產市價減行使價之差。

(2) 若為認沽期權：

- 資產市價若低於行使價，期權行使有利可圖，內在值便等如行使價減資產市價之差。
- 資產市價等如行使價，期權行使無利可圖，內在值便等如 0。
- 資產市價若高於行使價，期權行使亦無利可圖，內在值亦等如 0。

基於上面內在值的考慮，期權市場對於期權有三種劃分方法：

① **價外期權**（Out-of-the-Money Option, OTM）

此種期權是指：

(i) 指定資產市價低於行使價的認購期權

(ii) 指定資產市價高於行使價的認沽期權

上述期權的內在值為 0。

② **平價期權**（At-the-Money Option, ATM）

此種期權是指：

（i）指定資產市價等於或極接近行使價的認購期權

（ii）指定資產市價等於或極接近行使價的認沽期權

上述期權的內在值等如或極接近 0。

③ **價內期權**（In-the-Money Option, ITM）

此種期權是指：

（i）指定資產市價高於行使價的認購期權

（ii）指定資產市價低於行使價的認沽期權

上述期權的內在值大於 0。（見圖 2.5）

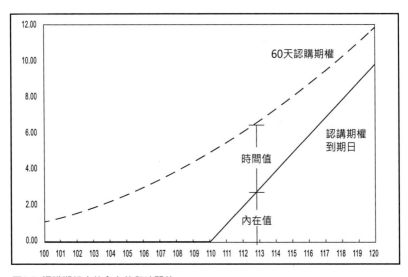

圖2.5 認購期權金的內在值與時間值

B. 時間值 (Time Value)

期權金的時間值又稱為外在值（Extrinsic Value），是未到期的期權，期權金高於內在值的風險溢價。時間值亦可看為是給予期權沽家在內在值之上的額外補償，以彌補沽空期權所帶來的風險與義務。

期權的風險主要來自以下幾方面：

(1) 市場風險

指定資產的市價愈接近行使價，期權被行使的機會便愈大，而沽家的風險亦增加。

(2) 波幅風險

指定資產的市價波動愈大，期權內在值增加的機會亦愈大，而沽家的風險亦增加。

(3) 時間風險

期權離到期日的時間愈長，期權內在值增加的機會亦愈大，而沽家的風險亦增加。

(4) 持倉成本風險

由於期權沽家要不斷承擔期權的義務，因此若持倉成本如市場利率及指定資產息率改變，對期權沽家的機會成本亦有一定的衝擊。

基於上面內在值與時間值的考慮，期權金的升跌將受到以下五個重要因素所左右，而掌握下面五個因素的方向，將決定我們買賣期權的勝負：

(i) 指定資產市場

指定資產市價若上升，認購期權的期權金將上升，而認沽期權的期權金將下跌。

(ii) 波幅率 (Volatility)

波幅率是量度指定資產的標準差年率（Annualized Standard Deviation），以百分比表示。波幅率愈高，表示市場風險愈大，無論認購期權或認沽期權的期權金價值都會上升。相反，波幅率下跌，即使市價不變，期權金亦會下跌。（見圖 2.6）

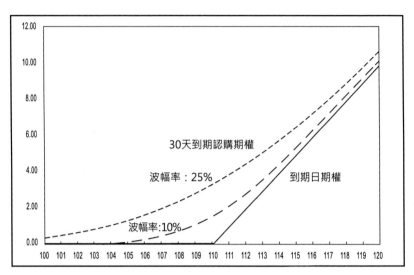

圖2.6 期權金與波幅率

(iii) 到期時間

若期權距離到期日愈長，內在值增加的機會亦愈高，因此無論認購期權或認沽期權的期權金亦相應愈高；相反，時間愈少，期權金亦會愈低，我們稱之為時間的損耗。（見圖 2.7）

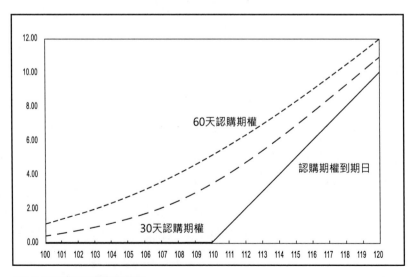

圖2.7 認購期權金與到期時間

(iv) 利率

若利率上升，投資者持有指定資產的持倉成本（Cost of Carry）便愈高。投資者會減少持有股票，轉而買入認購期權，並將餘下資金存入銀行收更高的利息。此外，買入認沽期權的對沖活動亦減少。因此，利率升，認購期權金升及認沽期權金跌，不過，若為期貨的期權，利率升，期權的折現率亦上升，因此，認購及認沽期權金皆跌。（見圖 2.8）

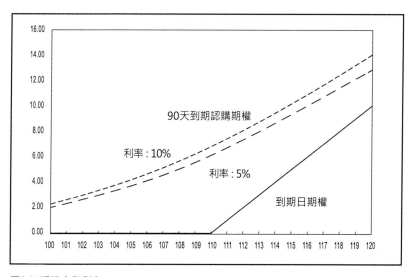

圖2.8 期權金與利率

一般而言，我們所參考的利率是無風險利率（Risk-free Interest Rate），即資金投資者不用承擔風險而得到的利息。以美國期權而言，一般所使用的是三個月國庫券息率（3-mouth U.S. Treasury Bill Rate）。

對於香港而言，投資者可選擇三個月外滙基金票據息率（3-month H K. Exchange Fund Bill Rate）。

(v) 股息 (Dividend)

當指定資產例如股票的股息增加，表示持有實際資產的收益將會增加，投資者會希望持有更多股票以收息；相反，投資者會減少持有無息收的認購期權。此外，由於股票派息會導致股票下跌，持有認沽期權將更為有利。換言之，若指定資產的息率上升，認購期權的期權金將下跌，而認沽期權的期權金將會上升。

期權衍生比率 (Option Derivatives)

對於上述五個影響期權金的因素，這裡討論了其對期權金升跌方向的影響，可幫助我們對於期權買賣作出正確的決策。至於實際對期權金升跌影響有多少，期權理論裡面，有以下五個期權衍生比率 (Option Derivatives)，以計算期權金受影響的幅度，或可說是期權的風險指標 (Risk Parameter)，包括：

(1) Delta

是計算現貨或現貨合約每運行一個單位，期權金相對升跌多少。

實例：

若股票 A 由 67.00 元升至 68.00 元，上升 1.00 元，行使價 67.00 元認購期權的 Delta 為 0.6，則期權金相對上升 0.60 元。

(2) Gamma

是計算現貨或期貨合約每運行一個單位，Delta 所轉變的幅度。

實例：

若股票 A 為 67.00 元，一個月行使價 67.00 元的股票 A 認購期權的期權金是 1.30 元，當時認購期權的 Delta 是 0.6，Gamma 為 0.14。當股票 A 由 67.00 元升至 68.00 元，上升 1.00 元，Delta 便大約由 0.6 上升至 0.74，上升 0.14。

（3）Vega 或 Kappa

是計算一年波幅率（Volatility）升跌 1% 對期權金升跌的影響。

實例：

若一個月行使價 67.00 元股票 A 認購期權的期權金值 0.55 元，波幅率為 5%，Vega（或 Kappa）為 7.43。若波幅率由 5%，上升至 6%，期權金會上升 7.43 點，亦即由 0.55 元上升至 0.6243 元，上升 0.0743 元。

（4）Theta

是計算一年時間值對期權金的影響。

實例：

若一個月行使價 67.00 元的股票 A 認購期權金為 0.55 元，Theta 是 4.292，即表示一年內期權金會消耗 4.292 元。換言之，每過一天，期權金會下跌約 0.01175 元（4.292/365），期權金由 0.55 元下跌至 0.54 元。

（5）Rho

是計算無風險利率每日升跌 1%，期權金相對升跌的幅度。

實例：

若一個月行使價 67.00 元的股票 A 認購期權金為 0.55 元，Rho 為 3.47。若無風險利率由 5% 上升至 6%，上升 1%，期權價值會上升 3.47 點，亦即由 0.55 元上升至 0.5847 元，上升 0.0347 元。

第三章

期權攻略的組合

在第二章中，我們指出期權分兩種，包括：認購期權（Call）及認沽期權（Put）。

期權的買賣方法

(1) 買入「認購期權」的投資者有在到期前（Expiration）在特定行使價（Strike Price or Exercise Price）買入現貨或期貨合約的「權利」，並付出期權金（Premium）。

(2) 沽空「認購期權」的投資者有在到期前在特定行使價沽出現貨或期貨合約的「責任」，並收取期權金。

(3) 買入「認沽期權」的投資者有在到期前在特定行使價沽出現貨或期貨合約的「權利」，並付出期權金。

(4) 沽空「認沽期權」的投資者有在到期前在特定行使價買入現貨或期貨合約的「責任」，並收取期權金。

事實上，利用上面四種不同的買賣方法，配合期權對於時間值的特性，期權可以演變而成無數投資獲利的方法，完全視乎投資者對後市走勢的預期。

傳統上，我們判斷投資買賣必然以市價上升或下跌的方向為主，甚至考慮到時間、市場波動情況等因素，然而，透過期權買賣，即使牛皮上落市，甚至不明後市方向，都可成為投資獲利的機會，換言之，期權買賣是「全天候」的投資工具，在可想像得到的市場情況下，期權策略都可幫助投資者作出有利可圖的買賣決策。

期權買賣的基本策略

以下簡單介紹二十種基本的期權買賣策略，其中主要期權策略包括：

A. 方向性買賣

(1) 買入認購期權（Long Call）

(2) 沽空認購期權（Short Call）

(3) 買入認沽期權（Long Put）

(4) 沽空認沽期權（Short Put）

(5) 買入跨價認購期權組合（Bull Call Spread）

(6) 沽空跨價認購期權組合（Bear Call Spread）

(7) 買入跨價認沽期權組合（Bear Put Spread）

(8) 沽空跨價認沽期權組合（Bull Put Spread）

B. 波幅率的買賣

(9) 買入馬鞍式期權組合（Long Straddle）

(10) 沽空馬鞍式期權組合（Short Straddle）

(11) 買入勒束式期權組合（Long Strangle）

(12) 沽空勒束式期權組合（Short Strangle）

C. 精確性的買賣

(13) 買入蝴蝶式期權組合（Long Butterfly）

(14) 沽空蝴蝶式期權組合（Short Butterfly）

(15) 買入飛鷹式期權組合（Long Condor）

(16) 沽空飛鷹式期權組合（Short Condor）

D. 方向及波幅率的組合買賣

(17) 跨價比率認購期權組合（Ratio Call Spread）

(18) 反向跨價比率認購期權組合（Ratio Call Backspread）

(19) 跨價比率認沽期權組合（Ratio Put Spread）

(20) 反向跨價比率認沽期權組合（Ratio Put Backspread）

以下我們將逐一介紹。然後，我們將討論其他更深一層的期權組合應用。

A. 方向性買賣

(1) 買入認購期權（Long Call）

買入認購期權的英文是 Long Call，是一種看好後市的投資策略。

投資者如果希望買入一個好倉，但又希望保障市場一旦下跌而帶來的可能風險，投資者可付出期權金而得到一個權利。

若市價在指定到期日前升越認購期權的行使價，投資者可行使這個期權的權利以行使價買入其指定資產。換言之，投資者所獲得的是資產市價高於行使價之間的利潤。若市價超出投資者的預期，到期日時仍處於行使價之下，則投資者行使認購期權將無利可圖，認購期權的價值便等如零，而投資者最大的損失便是認購期權的期權金。

現時不少保本基金都加入期權的因素，例如以部分基金的存款利息購入認購期權，若期權價值急升，將可為基金帶來高回報，即使期權價值跌至零，基金至少仍然可以保本。

① 買入認購期權適用於：
- 快將上升或正在上升中的市況
- 市場波幅正在擴大的市況

但不適用於：
- 牛皮上落或下跌中的市況
- 市場波幅收窄的市況

② 若為股票認購期權，買入認購期權適用於：
- 預期利率上升
- 預期派息減少

但不適用於：
- 預期利率下跌
- 預期派息增加

以到期日的盈虧分析：

最大回報 ＝結算價－行使價－期權金

最大風險 ＝期權金

打　和　點 ＝行使價＋期權金

實例：

已買入行使價 10,000 指數認購期權，期權金為 120 點。

a. 若結算價為10,500，最大回報 ＝10,500 - 10,000 - 120 ＝ +380

b. 若結算價為 9,500，最大風險 ＝ -120

打和點 ＝10,000 + 120 ＝ 10,120（見圖 3.1）

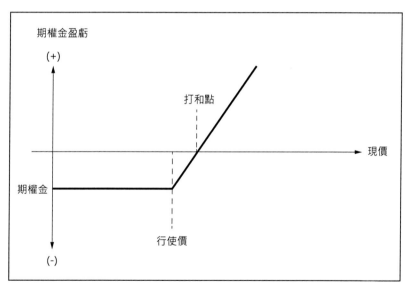

圖3.1 買入認購期權

表一

策略：買入認購期權			
結算價	淨期權金	買入 1 張 10,000 認購期權	到期日盈虧
9,500	-120	0	-120
9,600	-120	0	-120
9,700	-120	0	-120
9,800	-120	0	-120
9,900	-120	0	-120
10,000	-120	0	-120
10,100	-120	100	-20
10,200	-120	200	80
10,300	-120	300	180
10,400	-120	400	280
10,500	-120	500	380

　　股票認購期權的其中一個重要優勢是控制風險之餘維持持倉機會，以下是一個例子：

　　若投資者有意買入一隻高成長股，但股價已上升了不少，投資者一方面希望追入，但又怕股價回落，會招致損失。投資者考慮兩個方案：第一個方案是以現價買入，再向經紀給予止蝕單，股票回落 5% 即止蝕離場；另一個方案是買入該股票的認購期權，期權金約為股價的 5%。

　　結果，該股票在買入後進入調整，下跌 7%，但其後回復升勢，於期權到期前上升 15%。

　　在第一個方案中，股價下跌至 5% 時，經紀按止蝕盤指示將股票沽出，其後的股價回升與投資者無緣。

　　在第二個方案中，股價下跌 5% 時，期權金的價值亦大跌，不過，由於期權未到期，認購權利仍然有效。其後，股票回升

15%，認購期權金相應升值，投資者將認購期權在市場按市價沽出獲利。

在上述兩個方案中，認購期權明顯給予投資者翻身機會。不過，若股價反彈力弱，消耗大量期權時間值，期權亦未必能幫到投資者。

(2) 沽空認購期權 (Short Call)

沽空認購期權的英文是 Short Call，是一種看淡後市的投資策略。

投資者看淡後市，認為到期日之前市價難以升越行使價，並希望賺取認購期權的期權金，可沽空認購期權。

若市價如預期一樣在到期日時仍低於認購期權的行使價，投資者可賺取期權金的利潤。相反，若市價超出預期，並升越行使價，投資者便有責任支付市價高於行使價之間差價的損失。

因此，沽空認購期權是利潤有限，風險無限的投資策略。

① 沽空認購期權適用於：
- 牛皮上落或下跌中的情況
- 市場波幅收窄的市況
- 已經持有現貨或期貨合約好倉者，作為對沖的策略
但不適用於：
- 快將上升或正在上升中的市況
- 市場波幅正在擴大的市況

② 若為股票認購期權，沽空認購期權適用於：
- 預期利率下跌
- 預期派息增加
但風險是：
- 期權被行使，隨時會被要求以行使價沽出指定的股票

以到期日的盈虧分析：

最大回報 = 期權金

最大風險 = 行使價－結算價＋期權金

打　和　點 = 行使價＋期權金

實例：

已沽空行使價 10,000 指數認購期權，期權金為 120 點。

a. 若結算價為9,500，最大回報 = +120

b. 若結算價為10,500，最大風險 =10,000 - 10,500 + 120 = -380

　打和點 =10,000 + 120 =10,120（見圖 3.2）

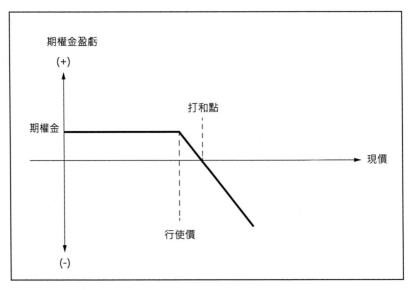

圖3.2 沽空認購期權

　　在實際市況中，不少機構投資者利用沽空價外股票認購期權，為長期持有而走勢平穩的股票增加期權金的收益。

　　若投資者已經持有正股作中長線投資，投資者可以用沽空股票認購期權策略在淡市中增進收益。例如：

　　現況：投資者持有股票 A，當時股價 98 元。

表二

策略：沽空認購期權			
結算價	淨期權金	買入 1 張 10,000 認購期權	到期日盈虧
9,500	120	0	120
9,600	120	0	120
9,700	120	0	120
9,800	120	0	120
9,900	120	0	120
10,000	120	0	120
10,100	120	-100	20
10,200	120	-200	-80
10,300	120	-300	-180
10,400	120	-400	-280
10,500	120	-500	-380

分析：投資者預期股價上升至 100 元有十分大的阻力，打算上升至 100 元時套現平倉，但他憂慮市價會橫行或有向下調整數元的機會。

行動：同時沽空 1 張 100 元認購期權，期權金 1.2 元。

到期日結果：

a. 若股價下跌至 95 元，股價 A 及收到的期權金價值共 96.2 元，即 95 加 1.2，比未有沽空期權的話，損失少 1.2 元。

b. 若股價維持 98 元，股價 A 未有收益，但期權金收 1.2 元，價值共 99.2 元，即 98 加 1.2，比未有沽空期權的話，增加收益 1.2 元。

c. 若股價維持 100 元，股票 A 賺 2 元，期權金收 1.2 元，價值共 101.2 元，即 100 加 1.2，比未有沽空期權的話，增加收益 1.2 元。

d. 若股價升至 103 元，期權被對手（認購期權買家）用行使價 100 元行使，投資者以 100 元沽出手上股票 A，符合原先打算在 100 元時套現平倉的策略，而且在過程中不用花時間看盤，可算是在到期日的自動限價沽盤。投資者的總收益是股票 A 賺 2 元，期權賺 1.2 元，共 3.2 元。

當然要注意的是，若早知股價會升至 103 元，單持有股票可賺 5 元，是最大的收益，但這與投資者原先的判斷有關，投資者若已在 100 元沽貨，其後意想不到的升幅自然與投資者無關。

表三

策略：持有股票 A 並沽空認購期權				
股價	淨期權金	沽空1張100元 股票 A 認購期權	到期日 盈虧	股票A 及 期權價值
95	1.2	0	1.20	96.2
96	1.2	0	1.20	97.2
97	1.2	0	1.20	98.2
98	1.2	0	1.20	99.2
99	1.2	0	1.20	100.2
100	1.2	0	1.20	101.2
101	1.2	-1.00	0.20	101.2
102	1.2	-2.00	-0.80	101.2
103	1.2	-3.00	-1.80	101.2
104	1.2	-4.00	-2.80	101.2
105	1.2	-5.00	-3.80	101.2

(3) 買入認沽期權 (Long Put)

買入認沽期權的英文是 Long Put，是一種看淡後市的投資策略。

投資者看淡後市，認為到期日之前市價會跌低於行使價，希望建立淡倉，但又希望保障若市場一旦大幅上升而帶來的可能風險，投資者可買入認沽期權，並支付認沽期權的期權金。

　　若市場如預期一樣在到期日前跌低於認購期權的行使價，投資者有權利行使其認購期權，以行使價沽空所指定的現貨或期貨合約，換言之，投資者所賺取的是行使價與指定資產之間的差價。不過，若投資者預期錯誤，到期日時市價仍高於行使價，投資者行使認沽期權便無利可圖，因此，認沽期權的價值便下跌至零，投資者最大的損失便是所支付的認購期權的期權金。

① **買入認沽期權適用於：**

- 快將下跌或正在下跌中的市況
- 市場波幅正在擴大的市況

　但不適用於：

- 牛皮上落或下跌中市況
- 市場波幅收窄的市況

② **若為股票認沽期權，買入認沽期權適用於：**

- 預期利率下跌
- 預期派息增加

　但不適用於：

- 預期利率上升
- 預期派息減少

以到期日的盈虧分析：

　　最大回報 = 行使價 - 結算價 - 期權金

　　最大風險 = 期權金

　　打　和　點 = 行使價 - 期權金

實例：

　　已買入行使價 10,000 指數認沽期權，期權金為 120 點。

　　a. 若結算價為 9,500，最大回報 = 10,000 - 9,500 - 120 = +380

　　b. 若結算價為 10,500，最大風險 = -120

　　　　打和點 = 10,000 - 120 = 9,880（見圖 3.3）

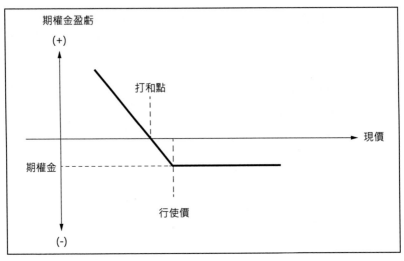

圖3.3 買入認沽期權

表四

策略:買入認沽期權			
結算價	淨期權金	買入 1 張 10,000 認沽期權	到期日盈虧
9,500	-120	500	380
9,600	-120	400	280
9,700	-120	300	180
9,800	-120	200	80
9,900	-120	100	-20
10,000	-120	0	-120
10,100	-120	0	-120
10,200	-120	0	-120
10,300	-120	0	-120
10,400	-120	0	-120
10,500	-120	0	-120

　　股票認沽期權除了可以應用於買跌之外,其用於保障股票價值的作用亦甚大,持有股票認沽期權有如為所持股票買保險。

　　假設投資者長線投資某股票,但憂慮股價因短期息口或其他因素下跌引致損失,投資者可以買入該股票的認沽期權,付出期權金作為資產保險。

　　若股價如預期下跌,股價出現損失,但認沽期權的價值則上升抵銷股價的損失。

　　不過,如果股價不跌反升,投資者的股票持倉繼續賺錢,認沽期權的價值則消失,當作是交了保險費。

　　其實投資者對沖股票風險可用沽空期貨合約的形式進行,不過不同之處是,若股價持續上升,沽空期貨合約將會持續出現損失,對沖後,股價上升對投資者沒有帶來利潤。

　　相反,若以買入認沽期權對沖,則只要股價的升幅超過期權金,則股票繼續賺錢的空間仍在。

　　唯一對買入認沽期權對沖的不利情況是,股價不升不跌,期權持有者平白損失時間值。

(4) 沽空認沽期權 (Short Put)

　　沽空認沽期權的英文是 Short Put,是一種看好後市的投資策略。

　　投資者看好後市,認為到期日之前市價難以跌低於認沽期權的行使價,並希望賺取認沽期權的期權金,可沽空認沽期權。

　　若市價一如預期在到期日時仍然高於認沽期權的行使價,投資者可賺取期權金的利潤。相反,若市價跌越認沽期權的行使價,投資者便有責任向買入者支付行使價與結算價之間的差額。

　　因此,沽空認沽期權是利潤有限,風險無限的投資策略。

然而，對於已沽空股票或期貨合約的投資者而言，沽空認沽期權可作為一種對沖的策略。

在目前市況中，不少金融機構推銷股票掛鈎的高息票據，實質上就是存款加上沽空認沽期權的組合。若股票平穩或上升，投資者可收存款利息及期權金，因此高於市場利息；若股價下跌，認沽期權被行使，投資者便需要以期權行使價用存款買入股票。由於一般行使價都屬價外，即低於現時股價，加上期權金的收益，投資者的股票買入價多低於現價，但不一定低於行使期權時的股價。

① **沽空認沽期權適用於：**

- 牛皮上落或上升中的市況
- 市場波幅收窄的市況
- 已經持有現貨或期貨合約的淡倉者以作對沖的策略

但不適用於：

- 快將下跌或下跌中的市況
- 市場波幅正在擴大的市況

② **若為股票認沽期權，沽空認沽期權適用於：**

- 預期利率上升
- 預期派息減少

至於風險則是：

- 認沽期權若被行使，隨時會被要求以行使價買入指定的股票

以到期日的盈虧分析：

最大回報 = 期權金

最大風險 = 結算價－行使價＋期權金

打 和 點 = 行使價－期權金

實例：

已沽空行使價 10,000 指數認沽期權，期權金為 120 點。

a. 若結算價為 10,500，最大回報 = +120

b. 若結算價為 9,500，最大風險 = 9,500 - 10,000 + 120 = -380

打和點 = 1,000 - 120 = 9,880（見圖 3.4）

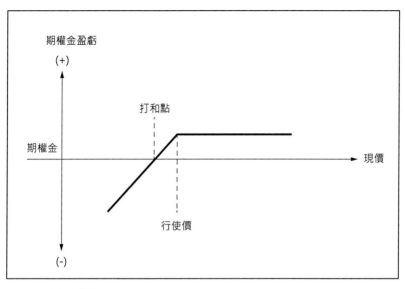

圖3.4 沽空認沽期權

表五

策略：沽空認沽期權			
結算價	淨期權金	沽空 1 張 10,000 認沽期權	到期日盈虧
9,500	120	-500	-380
9,600	120	-400	-280
9,700	120	-300	-180
9,800	120	-200	-80
9,900	120	-100	20
10,000	120	0	120
10,100	120	0	120
10,200	120	0	120
10,300	120	0	120
10,400	120	0	120
10,500	120	0	120

若投資者打算在心目中低價位買入優質股作投資，但若心目中價位未到，希望手上資金得到存款利息以外的回報，投資者可以選用沽空股票認沽期權策略。例如：

現況：投資者打算買入股票 A 作投資，當時股價在 103 元。

分析：投資者打算在 100 元之下買入股票 A 作投資，若高於100 元則太貴不值得買入。可是，他憂慮市價或會橫行或反覆，令手上資金閒置，失去定期存款或其他固定收益的機會。

行動：同時沽出 1 張一個月到期的股票 A 100 元認沽期權，期權金 1.2 元。

到期日結果：

a. 若股價上升至 105 元，對手未有行使認沽期權，投資者收 1.2 元期權金，比較手上資金 100 元，一個月有 1.2% 回報，年率 14.4%，可算是高息的收入。

b. 若股價橫行在 103 元，對手未有行使認沽期權，投資者收 1.2 元期權金，比較手上資金 100 元，一個月有 1.2% 回報，年率 14.4%，可算是高息的收入。

c. 若股價下跌至 99 元，對手行使認沽期權，以 100 元沽出手上的股票予投資者，投資者以手上資金 100 元買入股票 A，加上之前收到 1.2 元期權金，實際入市價是 98.8 元，即 100 減 1.2，比較理想價 100 元還低。

d. 若股價下跌至 95 元，對手行使認沽期權，以 100 元沽出手上的股票予投資者，投資者以手上資金 100 元買入股票 A，加上之前收到 1.2 元期權金，實際入市價是 98.8 元，比市價 95 元高出 3.8 元。

　　要注意的是，若早知股價會跌至 95 元，等待 95 元才買入股票 A 當然最理想，但這與投資者原先的判斷有關，投資者若已在心目中價位 100 元之下買之，其後意想不到的低價 95 元自然亦與投資者無關。

表六

策略：沽空股票 A 認沽期權				
股價	淨期權金	接貨價	實際入市價	市價比較 實際入市價
95	1.2	100	98.8	-3.8
96	1.2	100	98.8	-.28
97	1.2	100	98.8	-1.8
98	1.2	100	98.8	-0.8
99	1.2	100	98.8	+0.2
100	1.2	-	-	-
101	1.2	-	-	-
102	1.2	-	-	-
103	1.2	-	-	-
104	1.2	-	-	-
105	1.2	-	-	-

(5) 買入跨價認購期權組合 (Bull Call Spread)

　　買入跨價認購期權組合的英文是 Bull Call Spread，是一種看好後市的保守投資策略，滙市中人習慣稱 Range Forward。

　　投資者看好後市，但認為後市未必快速上升，因此，時間消耗可能對單頭買入認購期權不利。此外，投資者亦不希望付出太多期權金。事實上，投資者預算當市價升至某個水平時便將會獲利回吐，因此，並不需要單頭買入認購期權所賦予的無限獲利機會。換言之，投資者所要的是風險有限，回報有限的投資策略。

在這方面，投資者可買入低行使價的認購期權，付出期權金，但同時沽空較高行使價的認購期權，收取期權金，並放棄在較高行使價之上的進一步獲利機會。由於所收到的期權金可補償部分所支出的期權金，實際上，投資者買入一套跨價認購期權組合的淨期權金必然較單頭買入認購期權金為少。

不過，由於所沽空的高行使價認購期權比所買入的低行使價認購期權更為價外，而價外期權又是較為便宜，因此，事實上，投資者仍然要支付淨期權金，此種要支付期權金的跨價組合亦稱為 Debit Spread。

若如預期一樣，市價升破打和點，並高於高行使價，則投資者最大的回報便是高行使價與低行使價之差加淨期權金。

相反，若市價下跌低於低行使價，最大的損失是淨期權金的支出。

換言之，買入跨價認購期權組合是看好後市的風險及回報均有限的期權策略。

值得注意的是，以期權風險指標來看：

(1) Delta 在兩個行使價中間是最高，而在兩個行使價以外則最低。換言之，跨價組合的價值在升破打和點時上升得最快。

(2) Gamma 在低行使價時最高，即 Delta 增加得最快。Gamma 在打和點時是零，即 Delta 並無變化。而 Gamma 在高行使價時最低，即 Delta 下跌得最快。

(3) Vega 在低行使價時正數的最高，即波幅率上升對跨價組合最有利。Vega 在打和點時是零，即在那一價位水平，波幅率升跌對組合價位並無影響。當市價在高行使價時，Vega 是負數的最高，即波幅率上升對跨價組合的價位不利。

(4) Theta 在低行使價時是負數最低，即時間消耗對組合價值不利。Theta 在打和點時是中性，即並無價值的損耗。

Theta 在高行使價時的 Theta 是正數的最高，即時間損耗對跨價組合的價值有利。

總括而言：

(i) 當市價在低行使價時，波幅率下跌，時間損耗對組合價值不利。

(ii) 當市價在打和點時，波幅率及時間損耗對組合價值並無影響，但組合價值的變化速度最高。

(iii) 當市價在高行使價時，波幅率下跌及時間損耗對組合價值有利。

因此，市價在低行使價左右維持愈久便愈不利，相反，在高行使價附近牛皮得愈久便愈有利。

事實上，買入跨價認購期權組合的策略可用作「摸底」之用，亦即投資者預期市價的下跌趨勢已近尾聲，隨時可作反彈。一般而言，下跌趨勢若持續，波幅率通常會高企；相反，下跌趨勢若扭轉，波幅率便多數下跌。配合 Vega 在組合中的特性，若投資者正確預期市價反彈，波幅率多數下跌，而市價在打和點之上時，Vega 是負數，而在高行使價時，Vega 負數值最大。換言之，波幅率下跌，有利組合價值在打和點上升。相反，若投資者的預期錯誤，市價繼續下跌，由於在打和點之下 Vega 是正數，而在低行使價時 Vega 正數值最大，換言之，波幅率高企，有利組合價值上升。無論投資者預期正確與否，組合投資者一樣站在較有利的位置。

以到期日的盈虧分析：

成　　分 = 買入低行使價的認購期權
　　　　　　沽空高行使價的認購期權

最大回報 =（高行使價－低行使價）＋淨期權金

最大風險 = 淨期權金

打　和　點 = 低行使價－淨期權金

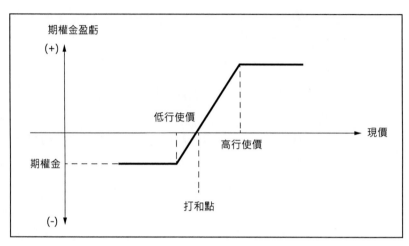

圖3.5 買入跨價認購期權組合

表七

策略:買入跨價認購期權組合				
結算價	淨期權金	買入1張 10,000 認購期權	沽空1張 10,400 認購期權	到期日盈虧
9,500	-70	0	0	-70
9,600	-70	0	0	-70
9,700	-70	0	0	-70
9,800	-70	0	0	-70
9,900	-70	0	0	-70
10,000	-70	0	0	-70
10,100	-70	100	0	30
10,200	-70	200	0	130
10,300	-70	300	0	230
10,400	-70	400	0	330
10,500	-70	500	-100	330
10,600	-70	600	-200	330
10,700	-70	700	-300	330
10,800	-70	800	-400	330

實例：

已買入行使價 10,000 指數認購期權及沽空行使價 10,400 指數認購期權，期權金為 120 及 50 點，淨期權金付出 70 點（50-120）。

　　a. 若結算價為 9,500，最大風險 = -70

　　b. 若結算價為10,500，最大回報 =(10,400-10,000)+(-70) = +330
　　　打和點 = 10,000 - (-70) = 10,070（見圖 3.5）

(6) 沽空跨價認購期權組合 (Bear Call Spread)

沽空跨價認購期權組合的英文是 Bear Call Spread，是一種看淡後市的保守投資策略。

投資者看淡後市，但認為後市未必急劇下跌，可能會形成反覆調整的局面，因此，時間損耗可能會對單頭買入認沽期權不利。此外，投資者預算當市價下跌至某水平的時候，他會將期權平倉獲利，因此，認沽期權所給予他的市況向下無限獲利機會並不適合他的策略。最後他希望收取期權金，以進行風險有限，回報有限的期權策略。

在這種情況下，投資者可以沽空一套跨價認購期權組合，亦即沽空低行使價的認購期權，同時買入高行使價的認購期權。由於低行使價認購期權的價值較高行使價的認購期權的價值為高，投資者所收到的期權必然大於所支出的期權金，亦即是說，投資者可以收取淨期權金，而他的跨價組合亦稱為 Credit Spread。

對於這種策略，其實可以理解為投資者沽空低行使價的認購期權以收取期權金，並看淡市場趨勢。不過，他憂慮市價會升破行使價而令他出現無限制的風險，因此，為了對沖市場上升的風險，他買入一張較高行使價的認購期權，一旦市價升破較高的行使價，該認購期權所得的價值便可對銷之前所沽空的認購期權的風險。換言之，投資者可以收到的期權金會因為買入另一張期權而減少，但可以保障免受無限制損失的風險。

若投資者的預期正確，市況向下滑落，投資者最多可以得到所收的淨期權金作為回報。若投資者預期錯誤，他最大的損失是淨期權金減高行使價與低行使價之差。

值得注意的是，以期權風險指標來看：

① Delta 在兩個期權行使價中間的打和點是負數最大，即市價升越打和點時，組合價值的下跌最快；相反，若市價跌破打和點時，組合價值上升得最快。

② Gamma 在高行使價時最高，即 Delta 增加得最快。Gamma 在打和點時為零，即 Delta 並無變化，而 Gamma 在低行使價時最低，即 Delta 下跌得最快。

③ Vega 在高行使價時最高，換言之，波幅率上升對跨價組合的價值有利。當市價在打和點時，Vega 接近零，即波幅率對組合價值並無影響。當市價在低行使價時，Vega 是負數最大，即波幅率上升對組合價值不利。

④ Theta 在高行使價時是負數最大，即時間損耗對組合價值不利。當市價在打和點時，Theta 接近零，即波幅率對組合價值並無影響。當市價在低打和點時，Theta 為正數最大，即時間消耗有利組合價值。

總括而言：

(i) 當市價在高行使價時，波幅率下跌及時間損耗對組合價值不利。

(ii) 當市價在打和點時，波幅率及時間損耗對組合價值並無影響，但組合價值的變化速度最高。

(iii) 當市價在低行使價時，波幅率下跌及時間損耗對組合價值有利。

事實上，沽空跨價認購期權組合有利投資者作「摸頂」策略，投資者預期市勢上升一段時間後，將見頂回落。波幅率而言，若市勢持續，波幅率多數高企；相反，一旦轉勢，波幅率多數會下跌。配合 Vega 在組合中特性，Vega 在打和點之上是正數，而在高行使價時是最高；相反，Vega 在打和點之下是負數，而在低行使價時，Vega 是負數最大。若投資者看對市場轉勢，市價跌低於打和點，則 Vega 是負數，意味著波幅率下跌有利組合價值上升。相反，若投資者看錯市場方向，市價繼續上升，市價持續在打和點之上，則 Vega 是正數，意味著波幅率上升有利組合價值上升。換句話説，無論投資者看對或看錯，波幅率對投資者都有利。

以到期日的盈虧分析：

成　　分 = 沽空低行使價的認購期權

買入高行使價的認購期權

最大回報 = 淨期權金

最大風險 = 淨期權金－（高行使價－低行使價）

打 和 點 = 低行使價＋淨期權金

實例：

已沽空行使價 10,000 指數認購期權及買入行使價 10,400 指數認購期權，期權金為 120 及 50 點，淨期權金收取 70 點（120-50）。

a. 若結算價為 9,500，最大回報 = +70

b. 若結算價為 10,500，最大風險 = +70-(10,400-10,000) = -330

打和點 = 10,000+70 = 10,070（見圖 3.6）

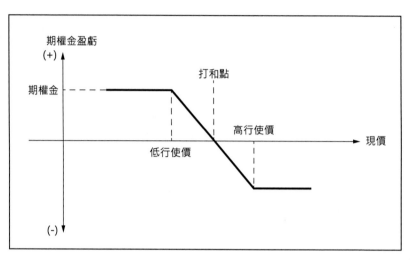

圖3.6 沽空跨價認購期權組合

表八

策略：沽空跨價認購期權組合				
結算價	淨期權金	沽空 1 張 10,000 認購期權	買入 1 張 10,400 認購期權	到期日盈虧
9,500	70	0	0	70
9,600	70	0	0	70
9,700	70	0	0	70
9,800	70	0	0	70
9,900	70	0	0	70
10,000	70	0	0	70
10,100	70	-100	0	-30
10,200	70	-200	0	-130
10,300	70	-300	0	-230
10,400	70	-400	0	-330
10,500	70	-500	100	-330
10,600	70	-600	200	-330
10,700	70	-700	300	-330
10,800	70	-800	400	-330

(7) 買入跨價認沽期權組合 (Bear Put Spread)

買入跨價認沽期權組合的英文是 Bear Put Spread，是一種看淡後市的保守投資策略。

投資者看淡後市，但認為市價未必會急跌，反而市況可能會進入反覆調整，因此，時間損耗可能會對單頭買入認沽期權不利。此外，投資者亦認為單頭買入認沽期權的期權金太貴，希望可以減少支出。由於他預算當市價下跌至某水平時便將期權倉盤平倉，因此，他不需要該水平之下的進一步獲利機會，可以將該機會「沽出」。

在這種情況下，投資者可以買入一套跨價認沽期權組合，亦即買入高行使價的認沽期權，同時沽空低行使價的認沽期權。換言之，他放棄了低行使價之後的獲利機會，並收取期權金。

買入高行使價的認沽期權，投資者要支付期權金，而沽空低行使價認沽期權，投資者則收取期權金。不過，由於前者必然較後者為貴，因此，投資者仍然有期權金的淨支出，而這套買入跨價認沽期權組合的策略亦稱為有支出的跨價組合 (Debit Spread)。

若市價如預期一樣下跌，他最大的回報是高行使價與低行使價之差加淨期權金。相反，若市價不跌反升，他的最大風險便是損失淨期權金。

換言之，買入跨價認沽期權組合是風險有限，回報有限的方向性策略。

至於期權風險指標的情況，大致上與沽空跨價認購期權組合的情況相同，在此不再贅述。

其實，買入跨價認沽期權組合可作「摸底」策略，理由與沽空跨價認購期權組合的相同。

以到期日的盈虧分析：

成　　分 = 沽空低行使價的認沽期權

買入高行使價的認沽期權

最大回報 =（高行使價－低行使價）＋淨期權金

最大風險 = 淨期權金

打 和 點 = 高行使價＋淨期權金

實例：

已沽空行使價 10,000 指數認沽期權及買入行使價 10,400 指數認沽期權，期權金為 75 及 180 點，淨期權金付出 105 點 (75-180)。

a. 若結算價為 9,500，最大回報 =(10,400-10,000)+(-105)=+295

b. 若結算價為 10,500，最大風險 = -105

打和點 =10,400 +（-105）= 10,295（見圖 3.7）

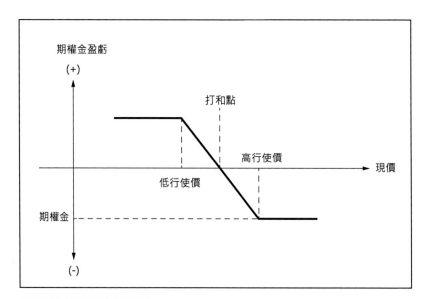

圖3.7 買入跨價認沽期權組合

表九

策略 : 買入跨價認沽期權組合				
結算價	淨期權金	沽空 1 張 10,000 認沽期權	買入 1 張 10,400 認沽期權	到期日盈虧
9,500	-105	-500	900	295
9,600	-105	-400	800	295
9,700	-105	-300	700	295
9,800	-105	-200	600	295
9,900	-105	-100	500	295
10,000	-105	0	400	295
10,100	-105	0	300	195
10,200	-105	0	200	95
10,300	-105	0	100	-5
10,400	-105	0	0	-105
10,500	-105	0	0	-105
10,600	-105	0	0	-105
10,700	-105	0	0	-105
10,800	-105	0	0	-105

(8) 沽空跨價認沽期權組合 (Bull Put Spread)

沽空跨價認沽期權組合的英文是 Bull Put Spread，是看好後市的保守投資策略。

投資者看好後市，希望沽空認沽期權以收取期權金，換言之，他認為市價會逐步上升，而沽空認沽期權可以收取時間損耗的價值。不過，他又害怕市價一旦跌破認沽期權的行使價，會為他帶來無限制的風險，因此，他可以利用所收到的部分期權金買入較遠行使價的認沽期權以控制可能出現的風險。

在這種情況下，投資者是沽空一套跨價認沽期權組合，亦即沽空高行使價的認沽期權，同時買入低行使價的認沽期權。換言之，他放棄了部分所收到的期權金以控制可能出現的無限制風險。

沽空高行使價認沽期權，投資者收取期權金，而買入低行使價認沽期權，投資者是支出期權金。由於前者必然較後者貴，因此，投資者實際上仍然有淨期權金的收入，因此，投資者的投資組合亦可稱為有收入的跨價組合 (Credit Spread)。

若市價如投資者的預期上升，則投資者最大的回報是所收取的淨期權金；相反，若市價不升反跌，則投資者最大的風險是淨期權金減高行使價與低行使價之差。

至於此期權組合的風險指標，則與買入跨價認購期權組合者大致相同。

沽空跨價認沽期權組合其實可用作「摸底」用途，理由與買入跨價認購期權組合的相同。

以到期日的盈虧分析：

成　　分 = 買入低行使價的認沽期權

　　　　　 沽空高行使價的認沽期權

最大回報 = 淨期權金

最大風險 = 淨期權金－（高行使價－低行使價）

打 和 點 = 高行使價－淨期權金

實例：

已買入行使價10,000指數認沽期權及沽空行使價10,400 指數認沽期權，期權金為75及180點，淨期權金收取105點 (180-75)。

a. 若結算價為9,500，最大風險 =+105-(10,000-10,400) = -295

b. 若結算價為 10,500，最大回報 = +105

　　打和點 = 10,400-(+105) = 10,295（見圖 3.8）

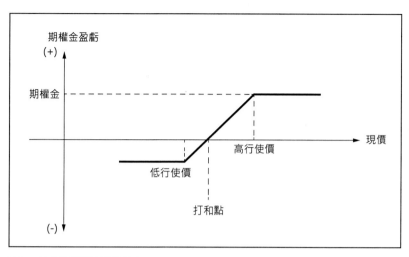

圖3.8 沽空跨價認沽期權組合

表十

策略：沽空跨價認沽期權組合				
結算價	淨期權金	買入 1 張 10,000 認沽期權	沽空 1 張 10,400 認沽期權	到期日盈虧
9,500	105	500	-900	-295
9,600	105	400	-800	-295
9,700	105	300	-700	-295
9,800	105	200	-600	-295
9,900	105	100	-500	-295
10,000	105	0	-400	-295
10,100	105	0	-300	-195
10,200	105	0	-200	-95
10,300	105	0	-100	5
10,400	105	0	0	105
10,500	105	0	0	105
10,600	105	0	0	105
10,700	105	0	0	105
10,800	105	0	0	105

B. 波幅率的買賣

(9) 買入馬鞍式期權組合 (Long Straddle)

買入馬鞍式期權組合的英文是 Long Straddle，是一種對市場方向中性，但對波幅率 (Volatility) 看升的投資策略。

投資者看市場經過一段牛皮上落時間後，將快出現向上或向下的突破，不過，他對市況的方向並無意見，而認為波幅率肯定將會上升。在這種情況下，投資者可同時買入同一行使價的認購及認沽期權，並支付期權金。

若市價如預期一樣在到期日前向上或向下突破，出現趨勢，投資者所持其中一方的期權會賺取利潤，而另一方的期權則價值下跌，若總利潤能補償所支付的期權金，市況無論上升或下跌，均告有利可圖。

相反，若市場價格在到期時仍處於窄幅上落，並未突破打和點，則投資者便損失了認購及認沽的期權金。

此外，投資者亦必須留意，即使市價並無大變化，若波幅率上升，無論認購或認沽期權的期權金均會上升，令所持有的馬鞍式組合有利可圖。

因此買入馬鞍式組合是風險有限，利潤無限的投資策略。

買入馬鞍式期權組合適用於：

- 市況行將突破，出現向上或向下的趨勢市
- 市場波幅率上升的市況

但不適用於：

- 市況轉趨牛皮，在窄幅上落的整個市況
- 市場波幅率下跌的市況

以到期日的盈虧分析：

成　　分 = 買入相同行使價的認購期權及認沽期權

結算價高於上打和點的回報 = 結算價－行使價－期權金

結算價低於下打和點的回報 = 行使價－結算價－期權金

最大風險 = 期權金

上打和點 = 行使價＋期權金

下打和點 = 行使價－期權金

實例：

已買入行使價 10,000 指數認購期權及行使價 10,000 指數認沽期權，期權金為 120 及 100 點。

a. 若結算價為 9,500，回報 =10,000 - 9,500 - 220 = +280

b. 若結算價為 10,000，最大風險 =-120 - 100 = -220

c. 若結算價為 10,500，回報 =10,500 - 10,000 - 220 = +280

上打和點：10,000＋220 =10,220

下打和點：10,000 - 220 =9,780（見圖 3.9）

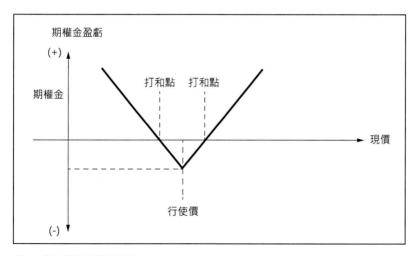

圖3.9 買入馬鞍式期權組合

表十一

策略:買入馬鞍式期權組合				
結算價	淨期權金	買入 1 張 10,000 認購期權	買入 1 張 10,000 認沽期權	到期日盈虧
9,300	-220	0	700	480
9,400	-220	0	600	380
9,500	-220	0	500	280
9,600	-220	0	400	180
9,700	-220	0	300	80
9,800	-220	0	200	-20
9,900	-220	0	100	-120
10,000	-220	0	0	-220
10,100	-220	100	0	-120
10,200	-220	200	0	-20
10,300	-220	300	0	80
10,400	-220	400	0	180
10,500	-220	500	0	280
10,600	-220	600	0	380

(10) 沽空馬鞍式期權組合 (Short Straddle)

沽空馬鞍式期權組合的英文是 Short Straddle,是一種對市場方向中性,但對波幅率 (Volatility) 看跌的投資策略。

投資者看市場經過一段大幅上落時間後,將進入橫向調整,市價在窄幅上落,並認為波幅率肯定將會下跌。在這種情況下,投資者可同時沽空同一行使價的認購及認沽期權,並收取期權金。若市價如預期一樣在到期日前在預期價位幅度內徘徊,並未出現趨勢,則所沽空的期權大量流失時間值。直至到期日,若結算價剛等如兩種所沽空的期權的行使價,兩種期權內在值都是零,則投資者可賺取所有期權金。若結算價高於或低於期權的行

使價，其中一種期權的內在值為零，而另一種期權將有內在值，只要所收取的期權金大於剩餘的內在值，則投資者將有利可圖。

相反，若市價在到期前大幅偏離預期的上落幅度，並突破打和點，則投資者便會招致無限制的損失，而此損失要視乎期權的內在值及時間值而定。

此外，投資者亦必須留意，即使市價維持在預期的上落幅度，但若波幅率上升，則認購及認沽期權的期權金均會上升，而投資者沽空馬鞍式期權組合亦會招致損失。

因此，沽空馬鞍式組合是風險無限，利潤有限的投資策略。

沽空馬鞍式期權組合適用於：

- 市況將日趨牛皮，價位上落幅度收窄的市況，圖表上形成「收窄三角形」或「長方形」形態走勢
- 市場波幅率下跌的市況

但不適用於：

- 市況處於趨勢之中
- 市場波幅率上升的市況

以到期日的盈虧分析：

成　　分 = 沽空相同行使價的認購期權及認沽期權

最大回報 = 期權金

結算價高於上打和點的風險 = 行使價－結算價＋期權金

結算價低於下打和點的風險 = 結算價－行使價＋期權金

上打和點 = 行使價＋期權金

下打和點 = 行使價－期權金

實例：

已沽空行使價 10,000 指數認購期權及行使價 10,000 指數認沽期權，期權金為 120 及 100 點。

a. 若結算價為 9,500，風險 $= 9,500 - 10,000 + 220 = +280$

b. 若結算價為 10,000，最大回報 $= 120 + 100 = +220$

c. 若結算價為 10,500，風險 $= 10,000 - 10,500 + 220 = -280$

   上打和點：$10,000 + 220 = 10,220$

   下打和點：$10,000 - 220 = 9,780$（見圖 3.10）

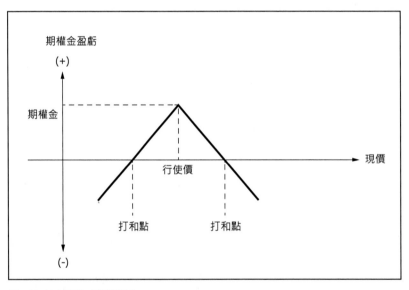

圖3.10 沽空馬鞍式期權組合

表十二

策略：沽空馬鞍式期權組合				
結算價	淨期權金	沽空 1 張 10,000 認購期權	沽空 1 張 10,000 認沽期權	到期日盈虧
9,300	220	0	-700	-480
9,400	220	0	-600	-380
9,500	220	0	-500	-280
9,600	220	0	-400	-180
9,700	220	0	-300	-80
9,800	220	0	-200	20
9,900	220	0	-100	120
10,000	220	0	0	220
10,100	220	-100	0	120
10,200	220	-200	0	20
10,300	220	-300	0	-80
10,400	220	-400	0	-180
10,500	220	-500	0	-280
10,600	220	-600	0	-380

(11) 買入勒束式期權組合 (Long Strangle)

買入勒束式期權組合的英文是 Long Strangle，是一種對市場方向中性，但對波幅率（Volatility）看升的投資策略。

投資者看市場經過一段整固後，將快出現向上或向下的突破性大趨勢。不過，他對市況出現方向的信心較細，只認為波幅率會上升，希望用較細成本，以博取可能出現的大趨勢。在這種情況下，投資者可同時買入低行使價的認沽期權及買入高行使價的認購期權，並支付期權金。

若市價如預期一樣在到期日前向上或向下突破打和點，出現趨勢，投資者所持其中一方的期權會賺取利潤，而另一方的期權則價值下跌，若總利潤能補償所支付的期權金，市況無論上升或下跌均告有利可圖。

相反，若市場價格在到期時仍處於窄幅上落，並未突破打和點，則投資者便損失了認購及認沽的期權金。

此外，投資者亦必須留意，即使市價並無大變化，若波幅率上升，無論認購或認沽期權的期權金均會上升，令所持有的勒束式組合有利可圖，不過，勒束式組合受波幅率的影響較馬鞍式為細。

因此，買入勒束式組合是風險有限，利潤無限的投資策略。與馬鞍式組合比較，買入勒束式組合的成本較低，但獲利的機會相對較細。

買入勒束式期權組合適用於：

- 市況行將突破，出現頗大的向上或向下的趨勢市
- 市場波幅率大幅上升的市況

但不適用於：

- 市況轉趨牛皮，在窄幅上落的整固市況
- 市場波幅率下跌的市況

以到期日的盈虧分析：

成　　分 = 買入低行使價的認沽期權及高行使價的認購期權

結算價高於上打和點的回報 = 結算價－高行使價－期權金

結算價低於下打和點的回報 = 低行使價－結算價－期權金

最大風險 = 期權金

上打和點 = 高行使價＋期權金

下打和點 = 低行使價－期權金

實例：

已買入行使價 10,000 指數認沽期權及行使價 10,200 指數認購期權，期權金為 100 及 80 點。

a. 若結算價為 9,500，回報 =10,00-9,500-180 = +320

b. 若結算價為 10,000，最大風險 =-100-80 = -180

c. 若結算價為 10,700，回報 =10,700-10,200-180 = +320

上打和點：10,200+180=10,380

下打和點：10,000-180=9,820（見圖 3.11）

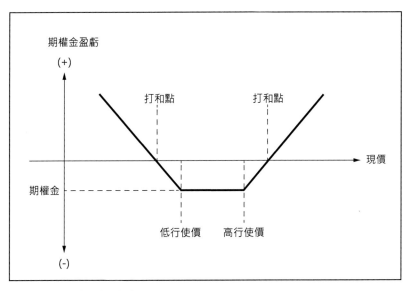

圖3.11 買入勒束式期權組合

表十三

| 策略：買入勒束式期權組合 | | | | |
結算價	淨期權金	買入 1 張 10,000 認沽期權	買入 1 張 10,200 認購期權	到期日盈虧
9,400	-180	600	0	420
9,500	-180	500	0	320
9,600	-180	400	0	220
9,700	-180	300	0	120
9,800	-180	200	0	20
9,900	-180	100	0	-80
10,000	-180	0	0	-180
10,100	-180	0	0	-180
10,200	-180	0	0	-180
10,300	-180	0	100	-80
10,400	-180	0	200	20
10,500	-180	0	300	120
10,600	-180	0	400	220
10,700	-180	0	500	320

(12) 沽空勒束式期權組合 (Short Strangle)

沽空勒束式期權組合的英文是 Short Strangle，是一種對市場方向中性，但對波幅率（Volatility）看跌的投資策略。

投資者看市場經過一段趨勢市後，將進入橫向調整，市場轉為上落市，投資者認為波幅率肯定將會下跌，但憂慮市價波幅擴大或出現趨勢時招致損失。

在這種情況下，投資者可同時沽空低行使價的認沽期權及沽空高行使價的認購期權，並收取期權金。若市價如預期一樣在到期日前在預期價位幅度內徘徊，並未出現趨勢，則所沽空的期權大量流失時間值。直至到期日，若結算價剛在兩種所沽空的期權

的行使價之間，兩種期權內在值都是零，則投資者可賺取所有期權金。若結算價高於或低於期權的行使價，其中一種期權的內在值為零，而另一種期權將有內在值，只要所收取的期權金大於剩餘的內在值，則投資者將有利可圖。

相反，若市價在到期前大幅偏離預期的上落幅度，並突破打和點，則投資者便會招致無限制的損失，而此損失要視乎期權的內在值及時間值而定。

此外，投資者亦必須留意，即使市價維持在預期的上落幅度，但若波幅率上升，則認購及認沽期權的期權金亦會上升，則投資者沽空勒束式期權組合亦會招致損失。

因此，沽空勒束式組合是風險無限，利潤有限的投資策略。但與馬鞍式組合相比，沽勒束式收取較低期權金，而風險相對亦較低。

沽空勒束式期權組合適用於：

- 市況將日趨牛皮，價位上落幅度收窄的市況，圖表上形成「收窄三角形」或「長方形」形態走勢
- 市場波幅率下跌的市況

但不適用於：

- 市況處於趨勢之中
- 市場波幅率上升的市況

以到期日的盈虧分析：

成　　　分 = 沽空不同行使價的認購期權及認沽期權

最大回報 = 期權金

結算價高於上打和點的風險 = 高行使價－結算價＋期權金

結算價低於下打和點的風險 = 結算價－低行使價＋期權金

上打和點 = 高行使價＋期權金

下打和點 = 低行使價－期權金

實例：

已沽空行使價 10,000 指數認沽期權及行使價 10,200 指數認購期權，期權金為100 及 80 點。

a. 若結算價為 9,500，風險 = 9,500 - 10,000 + 180 = -320

b. 若結算價為 10,000，最大回報 = 100 + 80 = +180

c. 若結算價為 10,700，風險 = 10,200 - 10,700 + 180 = -320

　上打和點：10,200 + 180 = 10,380

　下打和點：10,000 - 180 = 9,820（見圖 3.12）

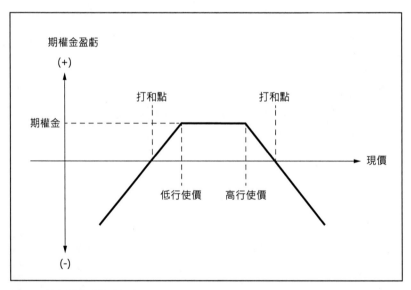

圖3.12 沽空勒束式期權組合

表十四

策略：沽空勒束式期權組合				
結算價	淨期權金	沽空 1 張 10,000 認沽期權	沽空 1 張 10,200 認購期權	到期日盈虧
9,400	180	-600	0	-420
9,500	180	-500	0	-320
9,600	180	-400	0	-220
9,700	180	-300	0	-120
9,800	180	-200	0	-20
9,900	180	-100	0	80
10,000	180	0	0	180
10,100	180	0	0	180
10,200	180	0	0	180
10,300	180	0	-100	80
10,400	180	0	-200	-20
10,500	180	0	-300	-120
10,600	180	0	-400	-220
10,700	180	0	-500	-320

C. 精確性的買賣

(13) 買入蝴蝶式期權組合 (Long Butterfly)

買入蝴蝶式期權組合的英文是 Long Butterfly，是對期權結算價有看法，但對波幅率略看跌的投資策略。

投資者認為，市場在結算時會處於某個價位幅度之內，並認為波幅率會下跌；不過，他亦不希望承受過大的風險，即如果市價在結算前走出預期的範圍，他的損失是可以計算得到，而不會無限制地擴大。

在這種情況下，投資者可有以下幾種買賣方法：

① 沽空馬鞍式，然後再買入一套打和點較闊的勒束式，以對沖馬鞍式的風險，亦即買入一張低行使價的認沽期權，沽空一張中行使價的認沽期權，沽空一張中行使價的認購期權，再買入一張高行使價的認購期權。

② 買入一張低行使價的認購期權，沽空兩張中行使價的認購期權，及買入一張高行使價的認購期權。

③ 買入一張高行使價的認沽期權，沽空兩張中行使價的認沽期權，及買入一張高行使價的認沽期權。

在全認購期權的蝴蝶式期權組合中，若市況如蝴蝶式期權組合投資者的看法一樣，投資者最大的風險會是所付出的期權金。相反，若市價結算時處於上下打和點之內，則投資者最大的回報是：高行使價減中行使價加淨期權金；或中行使價減低行使價加淨期權金。

此外，投資者必須注意，由於蝴蝶式組合涉及沽空兩張接近等價期權及買入一張價外及價內期權，波幅率對組合的影響已大致中和。不過，由於所沽空的接近等價期權的 Vega 較價內及價外期權為高，因此，蝴蝶式期權組合仍會略為偏淡波幅率。

此外，由於中行使價期權有較高的 Theta，時間值消耗較低行使價及高行使價期權者為高，因此，時間上稍為有利買入持蝴蝶式組合的投資者。

不過，上述兩者的影響其實頗細。

換言之，買入蝴蝶式期權組合者的風險有限，回報亦有限，主要的考慮點會是風險與回報的比率。若可能得到的回報高於可能的風險有 2 倍以上，都是值得考慮的投資。

買入蝴蝶式期權組合適用於：

- 市況牛皮，預期結算價在預期幅度之內
- 波幅率略偏軟

但不適用於：

- 市況在趨勢之中
- 波幅率大升的市況

以到期日的盈虧分析：

成 分：

方法一：買入一張低行使價的認沽期權
　　　　沽空一張中行使價的認沽期權
　　　　沽空一張中行使價的認購期權
　　　　買入一張高行使價的認購期權

方法二：買入一張低行使價的認購期權
　　　　沽空兩張中行使價的認購期權
　　　　買入一張高行使價的認購期權

方法三：買入一張低行使價的認沽期權
　　　　沽空兩張中行使價的認沽期權
　　　　買入一張高行使價的認沽期權

最大回報 = 高行使價－中行使價＋淨期權金
或
最大回報 = 中行使價－低行使價＋淨期權金
結算價高於高行使價的最大風險 = 所付出的淨期權金
結算價低於低行使價的最大風險 = 所付出的淨期權金
上打和點 = 高行使價＋淨期權金
下打和點 = 低行使價－淨期權金

實例：

　　已買入行使價 13,000 / 13,200 / 13,400 蝴蝶式指數認購期權組合，即：

　　買入一張 13,000 認購期權：-290 點

　　沽空兩張 13,200 認購期權：+165 點 × 2 = +330 點

　　買入一張 13,400 認購期權：-80 點

　　淨期權金為 -40 點

　　a. 若結算價為 12,800，最大風險 = -40

　　b. 若結算價為13,200，最大回報 =13,400-13,200+(-40)=+160

　　c. 若結算價為 13,600，最大風險 = -40

　　上打和點：13,400+(-40) =13,360

　　下打和點：13,000-(-40) =13,040（見圖 3.13）

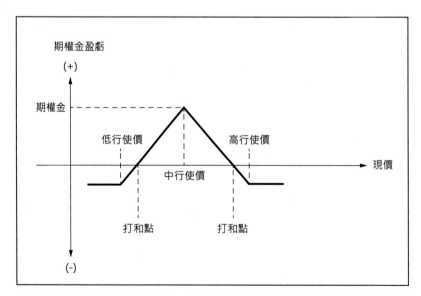

圖3.13 買入蝴蝶式期權組合

表十五

| 策略：買入蝴蝶式期權組合 | | | | | |
結算價	淨期權金	買入 1 張 13,000 認購期權	沽空 2 張 13,200 認購期權	買入 1 張 13,400 認購期權	到期日 盈虧
12,800	-40	0	0	0	-40
12,900	-40	0	0	0	-40
13,000	-40	0	0	0	-40
13,100	-40	100	0	0	60
13,200	-40	200	0	0	160
13,100	-40	300	-200	0	60
13,400	-40	400	-400	0	-40
13,500	-40	500	-600	100	-40
13,600	-40	600	-800	200	-40

(14) 沽空蝴蝶式期權組合（Short Butterfly）

沽空蝴蝶式期權組合的英文是 Short Butterfly 或 Iron Butterfly，是預期市價出現大升或大跌，波幅率看升，但不希望支付太多期權金的投資策略。

投資者認為，市場會出現向上或向下的突破，但又稍嫌買入馬鞍式組合的期權金太多。此外，他決定無論市升或市跌，市價一到某水平便將策略平倉套利，因此無必要保留市況無限上升或下跌的獲利機會。

在這種情況下，投資者可以有以下幾種買賣方法：

①買入馬鞍式，然後沽空一套打和點較闊的勒束式，收取期權金以減少買入馬鞍式的費用。此方法亦即：沽空一張低行使價的認沽期權，買入一張中行使價的認沽期權，買入一張中行使價的認購期權及沽空一張高行使價的認購期權。

②沽空一張低行使價的認購期權，買入兩張中行使價的認購期權及沽空一張高行使價的認購期權。

③沽空一張低行使價的認沽期權，買入兩張中行使價的認沽期權及沽空一張高行使價的認沽期權。

在全認購期權的蝴蝶式期權組合中，若市況如投資者的預期一樣，結算價高於高行使價，回報會是所收取的淨期權金。

若結算價低於低行使價，回報亦會是所收取的淨期權金。

而投資者最大的風險處於中行使價，會是：

① 中行使價減高行使價加淨期權金；或

② 低行使價減中行使價加淨期權金。

值得注意的是，與買入蝴蝶式組合的情況相反，雖然四張期權成分因素大部分互相對銷，但仍略為看好波幅率。此外，沽空蝴蝶式組合仍然要面對略為不利的時間值損耗。

總括來説，沽空蝴蝶式期權組合是風險有限，回報有限的策略。通常，這種組合的風險回報比例並不吸引，但投資者的著眼點會在後市的市價方向及成本的支出。

沽空蝴蝶式期權組合適用於：

- 看後市出現方向，預期結算價會在打和點之外
- 波幅率上升

但不適用於：

- 市況在牛皮上落之中
- 波幅率下跌的市況

以到期日的盈虧分析：

成分：

方法一：沽空一張低行使價的認沽期權

買入一張中行使價的認沽期權

買入一張中行使價的認購期權

沽空一張高行使價的認購期權

方法二：沽空一張低行使價的認購期權

　　　　買入兩張中行使價的認購期權

　　　　沽空一張高行使價的認購期權

方法三：沽空一張低行使價的認沽期權

　　　　買入兩張中行使價的認沽期權

　　　　沽空一張高行使價的認沽期權

最大回報 = 所收取的淨期權金

結算價處於中行使價的最大風險 = 中行使價－高行使價＋淨期權金；或

結算價處於中行使價的最大風險 = 低行使價－中行使價＋淨期權金

上打和點 = 高行使價－淨期權金

下打和點 = 低行使價＋淨期權金

實例：

　　已沽空行使價 13,000 / 13,200 / 13,400 蝴蝶式指數認購期權組合，即：

　　沽空一張 13,000 認購期權：+290 點

　　買入兩張 13,200 認購期權：-165 點 ×2 = -330 點

　　沽空一張 13,400 認購期權：+80 點

　　淨期權金為 +40 點

　　a. 若結算價為 12,800，最大回報 = +40

　　b. 若結算價為 13,200，最大風險 = 13,200 - 13,400 + (+40) = -160

　　c. 若結算價為 13,600，最大回報 = +40

　　上打和點：13,400 - (+40) = 13,360

　　下打和點：13,000 + (+40) = 13,040（見圖 3.14）

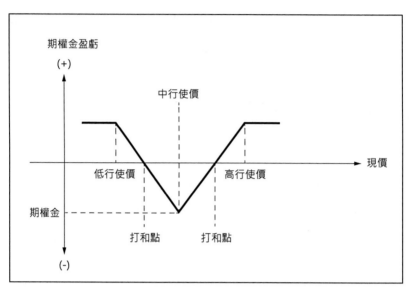

圖3.14 沽空蝴蝶式期權組合

表十六

策略：沽空蝴蝶式期權組合					
結算價	淨期權金	沽空1張 13,000 認購期權	買入2張 13,200 認購期權	沽空1張 13,400 認購期權	到期日 盈虧
12,800	40	0	0	0	40
12,900	40	0	0	0	40
13,000	40	0	0	0	40
13,100	40	-100	0	0	-60
13,200	40	-200	0	0	-160
13,100	40	-300	200	0	-60
13,400	40	-400	400	0	40
13,500	40	-500	600	-100	40
13,600	40	-600	800	-200	40

(15) 買入飛鷹式期權組合 (Long Condor)

買入飛鷹式期權組合的英文是 Long Condor，是對期權結算價有看法，但對波幅率差不多中性的投資策略。

投資者認為，市場的結算價會處於某個價位幅度之內，但他希望投資一個比蝴蝶式更保守的期權組合，即擴闊打和點之內的價位範圍，而損失則控制在一定水平之內。

在這種情況下，投資者可以有以下三種買賣方法：

① 沽空行使價較窄的勒束式，然後買入一套行使價較闊的勒束式，以對沖前者的風險，亦即買入一張低行使價的認沽期權，沽空一張中低行使價的認沽期權，沽空一張中高行使價的認購期權及買入一張高行使價的認購期權。

② 買入一張低行使價認購期權，沽空一張中低行使價的認購期權，沽空一張中高行使價的認購期權及買入一張高行使價的認購期權。

③ 買入一張低行使價的認沽期權，沽空一張中低行使價的認沽期權，沽空一張中高行使價的認沽期權，及買入一張高行使價的認沽期權。

在全認購期權的飛鷹式期權組合中，若市況如投資者的預期，市價在中低及中高行使價之間結算，最大回報是高行使價減中高行使價加淨期權金；或是中低行使價減低行使價加淨期權金。

若市價結算時處於上下打和點之外，投資者最大的風險會是所付出的期權金。

此外，買入飛鷹式組合的波幅率風險其實差不多已經對銷，只有輕微看淡波幅率。另外，時間值的影響則只輕微對投資者有利。

換言之，買入飛鷹式期權組合者的風險有限，回報亦有限，主要的考慮點是市價是否在預期幅度內結算。

買入飛鷹式期權組合適用於：

- 市況牛皮，預期結算價會在預期幅度之內
- 波幅率中性

但不適用於：

- 市況在趨勢之中
- 波幅率大升的市況

以到期日的盈虧分析：

成分：

方法一： 買入一張低行使價的認沽期權
沽空一張中低行使價的認沽期權
沽空一張中高行使價的認購期權
買入一張高行使價的認購期權

方法二： 買入一張低行使價的認購期權
沽空一張中低行使價的認購期權
沽空一張中高行使價的認購期權
買入一張高行使價的認購期權

方法三： 買入一張低行使價的認沽期權
沽空一張中低行使價的認沽期權
沽空一張中高行使價的認沽期權
買入一張高行使價的認沽期權

最大回報 = 高行使價－中高行使價＋淨期權金
或
最大回報 = 中低行使價－低行使價＋淨期權金
結算價高於高行使價的最大風險 = 所付出的淨期權金
結算價低於低行使價的最大風險 = 所付出的淨期權金
上打和點 = 高行使價＋淨期權金
下打和點 = 低行使價－淨期權金

實例：

已買入行使價 12,800／13,000／13,200／13,400 飛鷹式指數認購期權組合，即：

買入一張 12,800 認購期權：-400 點

沽空一張 13,000 認購期權：+290 點

沽空一張 13,200 認購期權：+165 點

買入一張 13,400 認購期權：-80 點

淨期權金為 -25 點

a. 若結算價為 12,800，最大風險 = -25

b. 若結算價為 13,000 至 13,200，最大回報 = 13,400-13,200 + (-25) = +175

c. 若結算價為 13,600，最大風險 = -25

　上打和點：13,400 + (-25) = 13,375

　下打和點：12,800 - (-25) = 12,825（見圖 3.15）

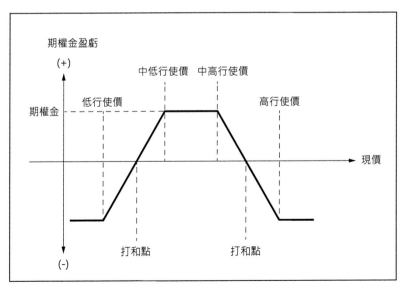

圖3.15 買入飛鷹式期權組合

表十七

策略：買入飛鷹式期權組合						
結算價	淨期權金	買入1張 12,800 認購期權	沽空1張 13,000 認購期權	沽空1張 13,200 認購期權	買入1張 13,400 認購期權	到期日盈虧
12,600	-25	0	0	0	0	-25
12,700	-25	0	0	0	0	-25
12,800	-25	0	0	0	0	-25
12,900	-25	100	0	0	0	75
13,000	-25	200	0	0	0	175
13,100	-25	300	-100	0	0	175
13,200	-25	400	-200	0	0	175
13,100	-25	500	-300	-100	0	75
13,400	-25	600	-400	-200	0	-25
13,500	-25	700	-500	-300	100	-25
13,600	-25	800	-600	-400	200	-25

(16) 沽空飛鷹式期權組合 (Short Condor)

沽空飛鷹式期權組合的英文是 Short Condor，是對預期市價出現大升或大跌，波幅率中性，但不希望支付太多期權金的保守投資策略。

投資者認為市場會出現向上或向下突破，但嫌沽空蝴蝶式組合所付出的期權金太高，因此，投資者願意將打和點的距離拉闊，但減少期權金的支出。

沽空飛鷹式期權組合的方法有三種：

① 買入一套打和點較窄的勒束式組合，同時沽空一套打和點較闊的勒束式組合。換言之，是沽空一張低行使價的認沽期權，買入一張中低行使價的認沽期權，買入一張中高行使價的認購期權，及沽空一張高行使價的認購期權。

② 以認購期權作買賣組合,即沽空一張低行使價的認購期權,買入一張中低行使價的認購期權,買入一張中高行使價的認購期權,及沽空一張高行使價的認購期權。

③ 以認沽期權作買賣組合,即沽空一張低行使價的認沽期權,買入一張中低行使價的認沽期權,買入一張中高行使價的認沽期權,及沽空一張高行使價的認沽期權。

在全認購期權的飛鷹式期權組合中,若市價的走勢如預期一樣,市價在結算時向上或向下突破打和點,則投資者最大的回報會是所收到的期權金。

相反,若在中低及中高行使價之間結算,最大風險是中高行使價減高行使價加淨期權金;或低行使價減中低行使價加淨期權金。

這種策略對於波幅率已接近中性(雖然仍稍為看波幅率上),而時間消耗的影響亦已接近中性(時間消耗稍為不利)。

換言之,沽空飛鷹式期權組合者的風險及回報均有限,主要考慮點是市價是否如預期向上或向下突破。

沽空飛鷹式期權組合適用於:
- 市況長期窄幅上落後,將向上或向下大幅度上升或下跌
- 波幅率中性

但不適用於:
- 市況牛皮上落
- 波幅率向下的市況

以到期日的盈虧分析:

方法一: 沽空一張低行使價的認沽期權
　　　　　買入一張中低行使價的認沽期權
　　　　　買入一張中高行使價的認購期權
　　　　　沽空一張高行使價的認購期權

方法二： 沽空一張低行使價的認購期權

買入一張中低行使價的認購期權

買入一張中高行使價的認購期權

沽空一張高行使價的認購期權

方法三： 沽空一張低行使價的認沽期權

買入一張中低行使價的認沽期權

買入一張中高行使價的認沽期權

沽空一張高行使價的認沽期權

結算價高於高行使價的最大回報 = 所收取的淨期權金

結算價低於低行使價的最大回報 = 所收取的淨期權金

最大風險 = 中高行使價－高行使價＋淨期權金

或

最大風險 = 低行使價－中低行使價＋淨期權金

上打和點 = 高行使價＋淨期權金

下打和點 = 低行使價－淨期權金

實例：

已沽空行使價 12,800 / 13,000 / 13,200 / 13,400 飛鷹式指數認購期權組合，即：

沽空一張 12,800 認購期權：+400 點

買入一張 13,000 認購期權：-290 點

買入一張 13,200 認購期權：-165 點

沽空一張 13,400 認購期權：+80 點

淨期權金為 +25 點

a. 若結算價為 12,800，最大回報 = +25

b. 若結算價為 13,000 至 13,200，最大風險 =13,200-13,400 + (+25) = -175

c. 若結算價為 13,600 ，最大回報 = +25

上打和點：13,400 - (+25) = 13,375

下打和點：12,800 + (+25) = 12,825（見圖 3.16）

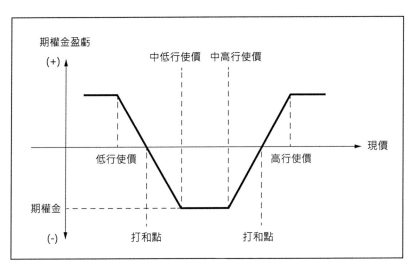

圖3.16 沽空飛鷹式期權組合

表十八

策略：沽空飛鷹式期權組合						
結算價	淨期權金	沽空1張 12,800 認購期權	買入1張 13,000 認購期權	買入1張 13,200 認購期權	沽空1張 13,400 認購期權	到期日盈虧
12,400	25	0	0	0	0	25
12,500	25	0	0	0	0	25
12,600	25	0	0	0	0	25
12,700	25	0	0	0	0	25
12,800	25	0	0	0	0	25
12,900	25	-100	0	0	0	-75
13,000	25	-200	0	0	0	-175
13,100	25	-300	100	0	0	-175
13,200	25	-400	200	0	0	-175
13,100	25	-500	300	100	0	-75
13,400	25	-600	400	200	0	25
13,500	25	-700	500	300	-100	25
13,600	25	-800	600	400	-200	25
13,700	25	-900	700	500	-300	25

(17) 跨價比率認購期權組合（Ratio Call Spread）

跨價比率認購期權組合的英文是 Ratio Call Spread，是看波幅率下跌及看後市較淡的期權策略。

投資者看波幅率下跌，市價將在窄幅牛皮上落，理論上他可以沽空馬鞍式組合。不過，投資者較為看淡市場走勢，不排除市價會大幅下跌。為免當市價下跌會承受無限制的下跌風險，他希望控制下跌風險在固定水平之上，他可以選擇跨價比率認購期權組合。

跨價比率認購期權組合，是買入一張低行使價的認購期權，同時沽空兩張高行使價的認購期權。換言之，投資者是買入一套跨價認購期權組合，同時再沽空一張高行使價的認購期權。

若投資者正確預期市價牛皮，並在兩個收市價內結算，他的最大回報是高行使價與低行使價之差加淨期權金。

若市價跌破低行使價，投資者的風險亦有所限制，最大風險是淨期權金的損失。

不過，若市價下破上打和點，投資者便要承受無限制的風險。

值得注意的是，當市價在兩個行使價之間時，波幅率上升對組合價值不利，而時間損耗對組合價值有利，情形與沽空馬鞍式組合一樣。不過，在低行使價之下，波幅率上升對組合價值有利，而時間損耗對組合價值則不利，情形與買入認購期權相似。

跨價比率認購期權組合適用於：

- 波幅率下跌的市況
- 市價窄幅上落的市況

但不適用於：

- 波幅率上升的市況
- 市價出現上升趨勢的市況

以到期日的盈虧分析：

成分：

買入一張低行使價的認購期權

沽空兩張高行使價的認購期權

最大回報 = 高行使價－低行使價＋淨期權金

結算價低於低行使價的最大風險 / 回報 = 淨期權金

結算價高於高行使價的最大風險 = 高行使價－結算價＋（高行使價－低行使價）＋淨期權金

上打和點 = 高行使價＋（高行使價－低行使價）＋淨期權金

下打和點 = 低行使價－淨期權金

實例：

已買入一套 1 比 2 行使價 13,200 / 13,400 的跨價比率指數認購期權組合，即：

買入一張 13,200 認購期權：-140 點

沽空兩張 13,400 認購期權：+65 點 × 2 = +130 點

淨期權金為 -10 點

a. 若結算價為 13,000，最大風險 = -10

b. 若結算價為 13,400，最大回報 = 13,400 - 13,200 + (-10) = 190

c. 若結算價為 13,800，最大風險 = (13,400 - 13,800) + (13,400 - 13,200) + (-10) = -210

上打和點：13,400 + (13,400 - 13,200) + (-10) = 13,590

下打和點：13,200 - (-10) = 13,210（見圖 3.17）

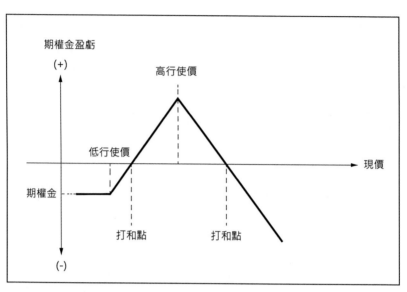

圖3.17 跨價比率認購期權組合

表十九

策略：買入跨價比率認購期權組合				
結算價	淨期權金	買入 1 張 13,200 認購期權	沽空 2 張 13,400 認購期權	到期日盈虧
13,000	-10	0	0	-10
13,100	-10	0	0	-10
13,200	-10	0	0	-10
13,300	-10	100	0	90
13,400	-10	200	0	190
13,500	-10	300	-200	90
13,600	-10	400	-400	-10
13,700	-10	500	-600	-110
13,800	-10	600	-800	-210
13,900	-10	700	-1,000	-310

(18) 反向跨價比率認購期權組合（Ratio Call Backspread）

反向跨價比率認購期權組合的英文為 Ratio Call Backspread，是看波幅率上升，同時看市價上升的期權策略。

投資者看波幅率上升，市價行將出現趨勢，理論上，他可以買入馬鞍式組合。不過，由於他較為看好市況，而且他希望付出較低的期權金，他可以選擇反向跨價比率認購期權組合。

反向跨價比率認購期權組合，是沽空一張低行使價的認購期權，同時買入兩張高行使價的認購期權。換言之，投資者是沽空一套跨價認購期權組合，再買入一張高行使價的認購期權以博取市場上升的利潤。

若投資者正確預期市價上升，投資者在高行使價之上的最大回報是無限制，而市價在低行使價之下的最大回報為淨期權金，最大的風險則為高行使價與低行使價之差減淨期權金。

值得注意的是，在兩個行使價之間，波幅率上升對組合價值有利，而時間損耗對組合價值不利，情形與買入馬鞍式組合一樣。不過，在低行使價之下，波幅率上升對組合價值不利，而時間損耗對組合價值則有利，情形與沽空認購期權相似。

反向跨價比率認購期權組合適用於：

- 波幅率上升的市況
- 市價在趨勢中調整，然後再展升浪的市況

但不適用於：

- 波幅率下跌的市況
- 市價牛皮的市況

以到期日的盈虧分析：

成分：

沽空一張低行使價的認購期權

買入兩張高行使價的認購期權

結算價低於低行使價的最大回報 / 風險 = 淨期權金

結算價高於高行使價的最大回報 = 結算價－高行使價－（高行使價－低行使價）－淨期權金

最大風險 = 低行使價－高行使價－淨期權金

上打和點 = 高行使價＋（高行使價 - 低行使價）＋淨期權金

下打和點 = 低行使價－淨期權金

實例：

已沽空一套 1 比 2 行使價 13,200 / 13,400 的跨價比率指數認購期權組合，即：

沽空一張 13,200 認購期權：+140 點

買入兩張 13,400 認購期權：-65 點 × 2 = -130 點

淨期權金為 +10 點

a. 若結算價為 13,000，最大回報 = +10

b. 若結算價為 13,400，最大風險 =13,200-13,400-(-10)=-190

c. 若結算價為 13,800，最大回報 =（13,800 - 13,400）-（13,400-13,200）-（-10）= +210

上打和點：13,400 +（13,400 -13,200）+（-10）=13,590

下打和點：13,200 -（-10）=13,210（見圖 3.18）

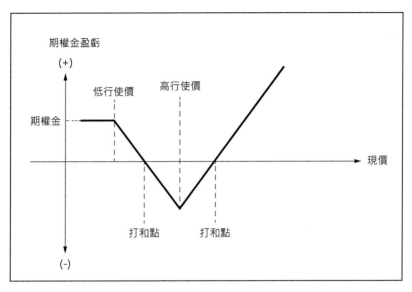

圖3.18 反向跨價比率認購期權組合

表二十

策略：反向跨價比率認購期權組合				
結算價	淨期權金	沽空 1 張 13,200 認購期權	買入 2 張 13,400 認購期權	到期日盈虧
13,000	10	0	0	10
13,100	10	0	0	10
13,200	10	0	0	10
13,300	10	-100	0	-90
13,400	10	-200	0	-190
13,500	10	-300	200	-90
13,600	10	-400	400	10
13,700	10	-500	600	110
13,800	10	-600	800	210

(19) 跨價比率認沽期權組合 (Ratio Put Spread)

跨價比率認沽期權組合的英文為 Ratio Put Spread，是看波幅率下跌及看後市較好的期權策略。

投資者看波幅率下跌，市況轉趨窄幅上落，理論上可以沽空馬鞍式組合。不過，投資者較為看好後市，憂慮市價會向上突破，為其持倉帶來無限制的風險，因此，投資者選擇跨價比率認沽期權組合，希望將市場上升所可能帶來的風險固定在某水平之上。

跨價比率認沽期權組合是沽空兩張低行使價的認沽期權，同時買入一張高行使價的認沽期權。換言之，投資者是買入一套跨價認沽期權組合，同時沽空一張認沽期權。

若投資者正確預期市況到結算時仍然牛皮上落於在打和點之內，則他的最大回報會是高行使價與低行使價之差加淨期權金。相反，若市價向上突破打和點，投資者最大的損失會是淨期權金；若市價向下突破下打和點，投資者最大的損失並無限制。

要注意的是，當市價在兩個行使價之間時，波幅率下跌會對組合價值有利，而時間損耗亦會對組合價值有利，與沽空馬鞍式組合的情況一樣。相反，若市價下破上打和點，波幅率上升會對組合價值有利，而時間損耗會對組合價值不利，情形與買入認沽期權相似。

跨價比率認沽期權組合適用於：

- 波幅率下跌的市況
- 市價窄幅上落的市況

但不適用於：

- 波幅率上升的市況
- 市價出現下跌趨勢的市況

以到期日的盈虧分析：

成分：

沽空兩張低行使價的認沽期權

買入一張高行使價的認沽期權

最大回報 = 高行使價－低行使價＋淨期權金

結算價低於低行使價的最大風險 = 結算價－低行使價＋（高行使價－低行使價）＋淨期權金

結算價高於高行使價的最大風險 / 回報 = 淨期權金

上打和點 = 高行使價＋淨期權金

下打和點 = 低行使價－（高行使價－低行使價）－淨期權金

實例：

已沽空一套 1 比 2 行使價 12,200 / 12,600 的跨價比率指數認沽期權組合，即：

沽空兩張 12,200 認沽期權：+65 點 × 2 = +130 點

買入一張 12,600 認沽期權：-140 點

淨期權金為 -10 點

a. 若結算價為 11,700，最大風險 =（11,700-12,200）+（12,600-12,200）+（-10）= -110

b. 若結算價為 12,200，最大回報 = 12,600 - 12,200 + (-10) = +390

c. 若結算價為 12,700，最大風險 = -10

上打和點：12,600 + (-10) = 12,590

下打和點：12,200 - (12,600 - 12,200) - (-10) = 11,810

（見圖 3.19）

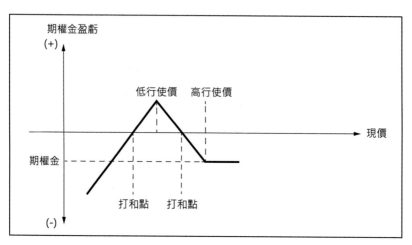

圖3.19 跨價比率認沽期權組合

表二十一

策略：跨價比率認沽期權組合				
結算價	淨期權金	沽空 2 張 12,200 認沽期權	買入 1 張 12,600 認沽期權	到期日盈虧
11,700	-10	-1,000	900	-110
11,800	-10	-800	800	-10
11,900	-10	-600	700	90
12,000	-10	-400	600	190
12,100	-10	-200	500	290
12,200	-10	0	400	390
12,300	-10	0	300	290
12,400	-10	0	200	190
12,500	-10	0	100	90
12,600	-10	0	0	-10
12,700	-10	0	0	-10
12,800	-10	0	0	-10
12,900	-10	0	0	-10
13,000	-10	0	0	-10

(20) 反向跨價比率認沽期權組合 (Ratio Put Backspread)

反向跨價比率認沽期權組合的英文是 Ratio Put Backspread，是看波幅率上升，同時看市價下跌的期權策略。

投資者看波幅率上升，市價將出現向上或向下的突破，理論上，他可以買入馬鞍式組合。不過，由於他較為看淡後市，而且希望付出較低的期權金，他可以選擇反向跨價比率認沽期權組合。

反向跨價比率認沽期權組合，是買入兩張低行使價的認沽期權，同時沽空一張高行使價的認沽期權。換句話說，投資者是沽空了一套跨價認沽期權組合，同時買入一張低行使價的認沽期權。

若投資者正確預期市價下跌，投資者在低行使價之下的最大回報是無限制，而市價在高行使價之上的最大回報是淨期權金的收入。至於最大的風險，則是高行使價與低行使價之差加淨期權金。

要注意的是，在兩個行使價之間，波幅率上升對組合價值有利，而時間損耗對組合價值則不利，情形與買入馬鞍式組合一樣。不過，在高行使價之上，波幅率上升對組合價值不利，而時間損耗對組合價值則有利，情形與沽空認沽期權相似。

反向跨價比率認沽期權組合適用於：

- 波幅率上升的市況
- 市價在趨勢中調整後繼續下跌趨勢

但不適用於：

- 波幅率下跌的市況
- 市價牛皮的市況

以到期日的盈虧分析：

成分：

買入兩張低行使價的認沽期權

沽空一張高行使價的認沽期權

結算價低於低行使價的最大回報 =（低行使價－結算價）－（高行使價－低行使價）＋淨期權金

結算價高於高行使價的最大風險 / 回報 = 淨期權金

最大風險 = 低行使價－高行使價＋淨期權金

上打和點 = 高行使價－淨期權金

下打和點 = 低行使價－（高行使價 - 低行使價）＋淨期權金

實例：

　　已沽空一套 1 比 2 行使價 12,200/12,600 的跨價比率指數認沽期權組合，即：

　　買入兩張 12,200 認沽期權：-65 點 × 2 = -130 點

　　沽空一張 12,600 認沽期權：+140 點

　　淨期權金為 +10 點

　　a. 若結算價為 11,700，最大回報 =（12,200-11,700）-（12,600-12,200）+（+10）= +110

　　b. 若結算價為 12,200，最大風險 =12,200-12,600+（+10）=-390

　　 c. 若結算價為 12,700，最大回報 = +10

　　上打和點：12,600 -（+10）= 12,590

　　下打和點：12,200 -（12,600-12,200)+（+10)=11,810

　　（見圖 3.20）

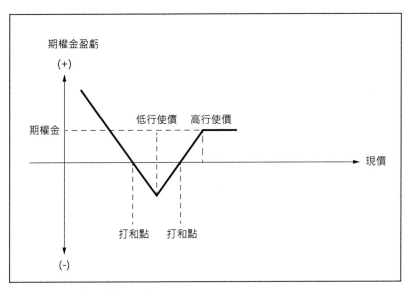

圖3.20 反向跨價比率認沽期權組合

表二十二

策略：反向跨價比率認沽期權組合				
結算價	淨期權金	買入 2 張 12,200 認沽期權	沽空 1 張 12,600 認沽期權	到期日盈虧
11,700	10	1,000	-900	110
11,800	10	800	-800	10
11,900	10	600	-700	-90
12,000	10	400	-600	-190
12,100	10	200	-500	-290
12,200	10	0	-400	-390
12,300	10	0	-300	-290
12,400	10	0	-200	-190
12,500	10	0	-100	-90
12,600	10	0	0	10
12,700	10	0	0	10
12,800	10	0	0	10

高級期權策略

除了前述二十種基本的期權組合策略外，其實我們仍然可以因應個別策略和需要而制訂更多不同的策略，以下筆者會簡介其他期權策略。

(1) 梯形組合 (Ladder)

在買入認購期權跨價組合中，投資者買入低行使價認購期權，並沽空高行使價認購期權以收取期權金，從而減少期權金的支出。如果投資者認為市況大幅上升的機會極微，他可以進一步沽空高行使價的認購期權，從而收取更多期權金，使平均成本進一步下降，甚至轉為收取期權金。

若投資者沽空同一行使價的認購期權，他所運用的策略是比率跨價期權組合（Ratio Call Spread），若投資者沽空更高行使價的認購期權，他的策略則為梯形期權組合（Ladder）。（見圖 3.22）

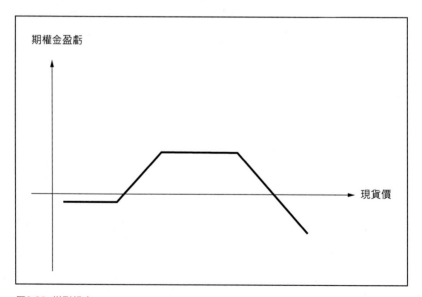

圖3.22 梯形組合

（2）海鷗式期權組合（Seagull）或蘭保組合（Rambo）

在買入跨價認購期權組合中，投資者買入低行使價的認購期權，並付出期權金。然而，若投資者希望減少期權金的支出，可以沽空高行使價的認購期權以收回部分期權金。不過，買入跨價認購期權組合仍要支付淨期權金。

若投資者希望進一步減少期權金的支出，他可以選擇沽空更價外的認購期權，以收取更多期權金，形作「梯形期權組合」。而他的風險是市價大幅上升，高於該組合的最高行使價。

若投資者對上述風險有保留，但認為市價大幅下跌的機會更微，他可以在買入跨價認購期權組合之外，沽空價外認沽期權以收取更多期權金。這種方法稱為「海鷗式期權組合」（Seagull）、蘭保式組合（Rambo）或「樓梯式期權策略」（Stair Case Strategy）。

這種策略容許投資者在入市時付出極少期權金，但若市價下跌至組合中最低行使價之下（認沽期權的行使價），投資者便要接受無限制的風險。（見圖3.23）

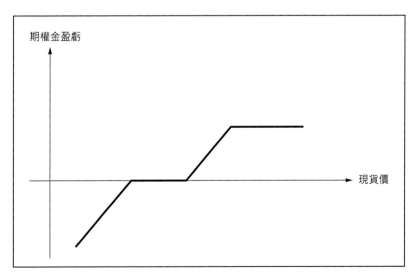

圖3.23 海鷗式組合

(3)「爭辯式」期權組合 (Wrangle)

投資者預期波幅率大升，但不明市勢升跌方向，他可以買入馬鞍式組合。不過，馬鞍式組合相當貴，包括買入認購期權及認沽期權。若投資者對市價方向略有看法，又希望減低期權金成本，他可以買入反向比率認購期權組合或買入反向比率認沽期權組合。

若他較看好市況，可沽空一張低行使價認購期權，並買入兩張高行使價認購期權（價外），以組成 1 比 2 反向比率認購期權組合。

若他較看淡市況，可沽空一張高行使價認沽期權，並買入兩張低行使價的認沽期權（價外），以組成 2 比 1 反向比率認沽期權組合。

不過，如果投資者真的對市價方向無看法，但認為市價一旦突破上下限，波幅率會上升，他應選擇較平衡的組合。不過，投資者可能會擔心，一旦市價維持在中央位置，波幅率的損失可能很大，此外，他亦不希望支付期權金多於買入馬鞍式的費用。

在這些考慮下，他可以買入「爭辯式」期權組合 (Long Wrangle)。此組合是同時買入反向比率認購期權組合及買入反向比率認沽期權組合，而當中所沽空的期權是同一行使價。

實例：

① 買入反向比率認購期權組合：
- 沽空一張行使價 10,000 的認購期權
- 買入兩張行使價 10,200 的認購期權

② 買入反向比率認沽期權組合：
- 沽空一張行使價 10,000 的認沽期權
- 買入兩張行使價 9,800 的認沽期權（見圖 3.24）

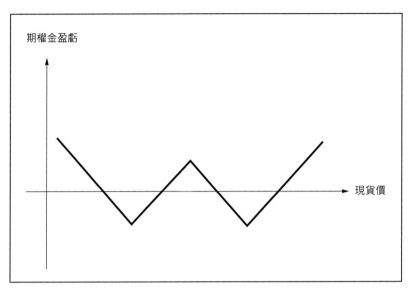

圖3.24 「爭辯式」組合

　　由於所沽空的兩張是等價認購期權及認沽期權,價值較高,而所買入的四張是價外認購及認沽期權,價值較低。因此,所付出的淨期權少於買入馬鞍式組合。

　　上述組合亦即沽空一套馬鞍式組合,同時買入兩套勒束式組合,使成本可減低。

(4)「側手翻式」期權組合(Cart Wheel)

　　如果同時買入反向比率認購跨價期權組合及買入反向比率認沽跨價期權組合,可以產生類似買入馬鞍式組合或勒束式組合的效果,則買入反向比率認購組合,同時買入比率認沽組合,便可以產生類似圍牆式的期權組合效果。

實例：

① 買入反向比率認購跨價期權組合

• 沽空一張行使價 10,000 的認購期權

• 買入兩張行使價 10,200 的認購期權

② 同時，買入比率認沽跨價期權組合

• 買入一張行使價 10,000 的認沽期權

• 沽空兩張行使價 9,800 的認沽期權（見圖 3.25）

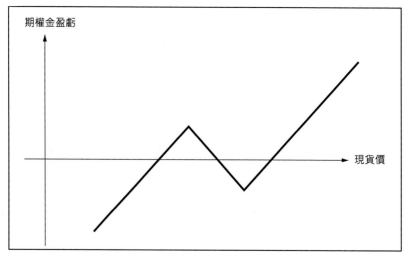

圖3.25 「側手翻式」組合

這種組合其實是沽空一套合成期貨，同時買入兩套看好的圍牆式組合。

上述情況類似投資者已買入一套反向比率認購跨價期權組合，看波幅率上升，而市價會向上。若他對市勢的信心很大，他可以沽空低行使價（價外）的認沽期權以收取更多期權金，以減少期權的支出，並承擔市價下跌低於低行使價時的無限制風險。

上述策略所使用的期權金幾乎是零，但對波幅率的敏感度較高。

(5) 合成期權 (Synthetic Options)

　　合成期權 (Synthetic Options) 的策略是利用期權與期貨合約組合而產生另一種期權，主要用作套戥用途，合成期權包括：

　　(i) 合成認購期權 (Synthetic Call)，是由認沽期權與期貨合約組合而成。

　　a. 買入合成認購期權：買入期貨及買入認沽期權 (見圖3.26)
　　b. 沽空合成認購期權：沽空期權及沽空認沽期權 (見圖3.27)
　　c. 買入合成認沽期權：沽空期貨及買入認購期權 (見圖3.28)
　　d. 沽空合成認沽期權：買入期貨及沽空認購期權 (見圖3.29)

　　基本上，合成期權與正式期權合約之間可作套戥用途，以賺取無風險利潤。

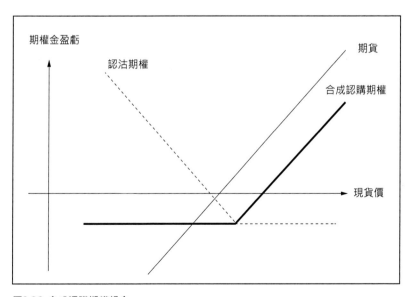

圖3.26 合成認購期權組合

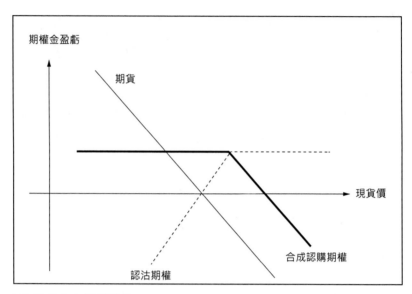

圖3.27 沽空合成認購期權

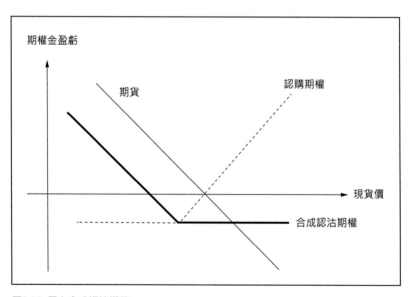

圖3.28 買入合成認沽期權

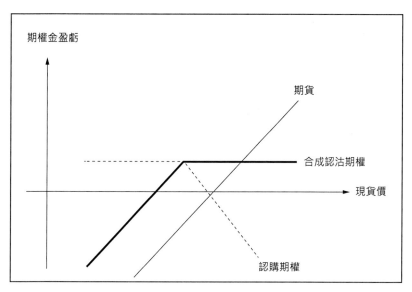

圖3.29 沽空合成認沽期權

(6) 合成期貨 (Synthetic Futures)

除了利用期貨及期權可以組成合成認購或認沽期權外，利用認購及認沽期權本身，又可組成合成期貨 (Synthetic Futures)：

a. 買入合成期貨，買入認購期權，同時沽空相同行使價的認沽期權（見圖 3.30）

b. 沽空合成期貨，沽空認購期權，同時買入相同行使價的認沽期權（見圖 3.31）

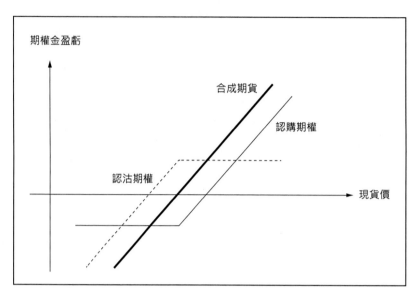

圖3.30 買入合成期貨

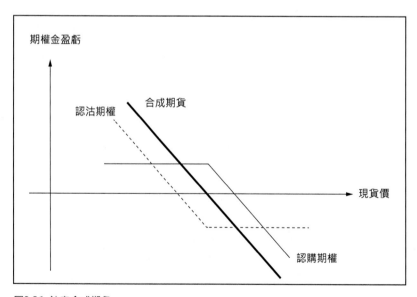

圖3.31 沽空合成期貨

套戥組合

由於合成期貨與期貨合約本身未必完全相同，但在結算時則兩者必歸於同價，因此存在套戥的機會。

以下有三種套戥的期權組合：

(1) 換轉式套戥組合（Conversion）

若期貨價低於當時合成期貨價，投資者可以：

(i) 買入期貨合約；

(ii) 同時沽空合成期貨。

(2) 反轉式套戥組合（Reversal）

若期貨價高於當時合成期貨價，投資者可以：

(i) 買入合成期貨；

(ii) 沽空期貨合約。

(3) 方盒式套戥組合（Box）

由於期權行使價對所組成的合成期貨並無影響，因此，不同行使價所組成的合成期貨亦可互作套戥，包括：

(i) 買入低價的合成期貨；

(ii) 沽空高價的不同行使價的合成期貨。

喱吡轉倉（Jellyroll）

投資者買入合成期貨，即買入認購期權，同時沽空相同到期月份的認沽期權。若接近到期時，投資者可考慮轉倉，即沽出即將到期的合成期貨，同時買入下一個到期月份的合成期貨，稱為喱吡轉倉（Jellyroll），即：

(1) 沽出本月認購期權及買入本月認沽期權；同時

(2) 買入下月認購期權及沽空下月認沽期權。

換言之，是買入跨期認購組合，並沽空跨期認沽組合。

對沖組合

合成期貨是方向性買賣，無論風險及回報都沒有限制。事實上，我們亦可以用不同的期權組成以下類似的策略，現比較如下：

(1) 買入合成期貨 (Synthetic Futures)：買入認購期權及沽空相同行使價認沽期權。

(2) 買入圍牆式跨價期權組合 (Fence Spread) 或稱為買入風險反轉組合 (Long Risk Reversal)，買入認購期權及沽空較低行使價的認沽期權，通常兩者皆為價外期權。(見圖 3.32)

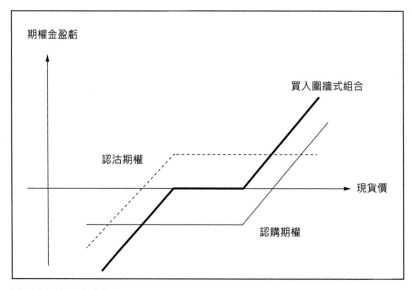

圖3.32 買入圍牆式組合

　　圍牆式組合令投資者在兩個行使價之中時對市場方向中性，但在行使價之外則風險回報與買入期貨相同。上述策略通常用作兩個行使價之外的方向性對沖，但在開始時不用支付期權金。

(3) 沽空圍牆式組合（Bear Fence）或稱沽空風險反轉組合（Short Risk Reversal）：若投資者看淡市況，相反的買賣是買入認沽期權，同時沽空較高行使價的認購期權，其方向與圍牆式剛好相反，亦稱為 Combo。此組合通常用作持倉的零使費對沖，即將現貨或期貨好倉轉為買入跨價認購期權組合。（見圖 3.33）

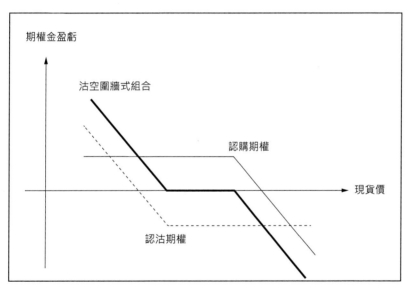

圖3.33 沽空圍牆式組合

跨期期權組合 (Calendar Spread)

通常，若我們買入某行使價認購／認沽期權，並沽空另一行使價的認購／認沽期權，只要是同一到期月份，我們會稱之為垂直式買賣 (Vertical Spread)。然而，若我們買賣不同到期月份的期權組合，一般我們會稱之為橫向式買賣 (Horizontal Spread)。

橫向式買賣亦稱為跨期買賣 (Calendar Spread)，例如沽空近期的認購／認沽期權，同時買入遠期的認購／認沽期權，便是一種跨期買賣。

所謂近期月份，即到期日較遠期月份較早到期的期權合約。在英文詞彙裡，近期月份稱為 Near Month 或 Front Month，而遠期月份稱為 Far Month 或 Back Month。跨期買賣主要用以套取由期權到期時間長短不同，所衍生期權金時間損耗速度不同所帶來的獲利機會。

由於即將到期的期權，其每日時間值損耗較大，因此，投資者可以沽空近期月份期權，並買入遠期月份同樣行使價及性質的期權，從而賺取時間損耗的差額，此稱為方向中性的買入跨期組合 (Long Calendar Spread)。

此外，由於近期月份期權對波幅率的敏感度較遠期月份為高，因此，跨期買賣亦可作為波幅率買賣的方法。

投資者買入近期月份期權，並沽空相同行使價及性質的期權，從而組成方向中性的沽空跨期組合 (Short Calendar Spread)。

買入跨期認購期權組合盈虧圖見圖 3.34。

沽空跨期認購期權組合盈虧圖見圖 3.35。

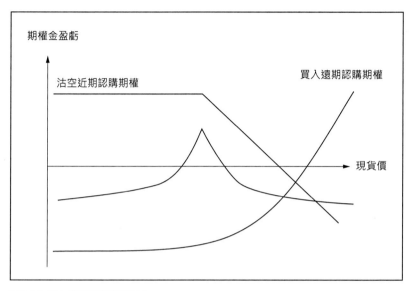

圖3.34 買入跨期認購期權組合

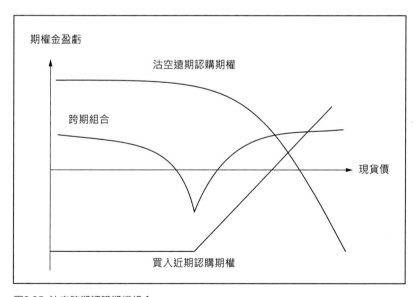

圖3.35 沽空跨期認購期權組合

對角跨期買賣 (Diagonal Calendar Spread)

若投資者對於市價方向有看法,則可應用對角跨期買賣的方法增加勝算,對角跨期買賣即既「垂直」,又「橫向」的買賣。

若投資者看好市況,可作以下對角跨期買賣:

- 買入遠期低行使價認購期權
- 沽空近期高行使價認購期權
- 沽空近期高行使價認沽期權
- 買入遠期低行使價認沽期權

上述沽空近期認購 / 認沽期權,可賺取時間損耗的價值,其他情形近似看好的跨價認購 / 認沽期權組合。當近期的月份到期時,該組合便變成買入認購 / 認沽期權。

若投資者看淡市況,可作出以下對角跨期買賣:

- 沽空近期低行使價認購期權
- 買入遠期高行使價認購期權
- 買入遠期高行使價認沽期權
- 沽空近期低行使價認沽期權

馬鞍式跨期買賣 (Straddle Calendar Spread)

對於賺取不同到期月份期權時間損耗差額的方法,更為進取的做法是應用馬鞍式跨期買賣 (Straddle Calendar Spread)。

馬鞍式跨期買賣意即同時:

- 買入遠期馬鞍式組合
- 沽空近期馬鞍式組合

　　由於近期期權時間值損耗較大，沽空近期馬鞍式組合可得到更大時間損耗的利益，而買入遠期馬鞍式組合可保持對市價方向的中立。

　　不過，由於近期馬鞍式組合對波幅率敏感程度大於遠期組合，因此，實際上投資者亦沽空了波幅率。

第四章

波幅率的買賣

對於初涉期權理論者，很多都以期權到期日的盈虧分析為基礎 (Expiration Date Pay-Off Analysis)，然而，當我們掌握到期權原理後，我們第一件事必須做的就是了解市場波幅率 (Volatility) 對於期權價值的影響。

波幅率意義深遠

所謂波幅率是指市場在某一個時間櫥窗中上落的價位幅度而言。若市場牛皮上落，波幅率便低；相反而言，若市場價格波動大的話，波幅率便上升。

其實，波幅率亦可以看為是市場的機會或市場的風險。若市價牛皮上落，其實表示市價在指定時間內到達較遠特定價位的水平的機會較細。相反，若市價大上大落，市價可能在指定時間內到達極遠的價位水平。

若上面所指的價位水平為期權的行使價，在高波幅率下，期權由價外變為價內的機會較大；相反，在低波幅率下，期權由無內在值變成有內在值的機會亦較細。

換言之，波幅率愈高，期權的價值亦愈大。

圖 4.1 是某產品一個月期行使價 67.00 的認購期權的理論值，由圖可見，15% 波幅率的期權值較 10% 及 5% 波幅率的期權值為高。

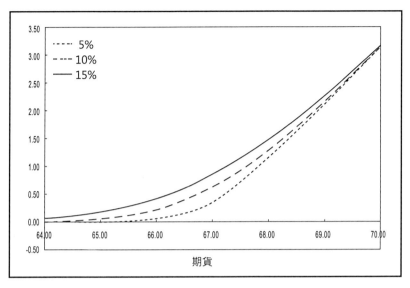

圖4.1 波幅率對認購期權的影響

波幅率（Volatility）計算方式

波幅率是期權定價的重要元素，波幅率是計算現貨或期貨的一年回報的標準差（Annualized Standard Deviation on Rate of Return）。換言之，波幅率是計算現貨或期貨的一年回報或風險的機會。

波幅率有兩種主要計算方式，第一種是以歷史價格計算，第二種是以期權金倒數計算出來。

（1）歷史波幅率（HistoricalVolatility）

若昨天收市價為 C_1，當天收市價為 C_2，當天的連續複息率回報為：

每日回報： $r = \ln(C_2 / C_1)$

在 n 天的時間內，每日平均回報為：

每日平均回報：$= \mu \quad \dfrac{1}{n} \sum\limits_{i=1}^{n} ri$

在 n 天之中，每日回報率偏離平均回報率的變異數為：

n 天的變異數（n days Variance）：$\sigma^2 = \dfrac{1}{n-1} \sum\limits_{i=1}^{n} (ri-\mu)^2$

一年 252 個交易日的變異數（Annual Variance）：$\sigma^2 * 252$

一年的標準差即波幅率（Volatility）：$r = \sigma * \sqrt{252}$

波幅率所代表的是市場在一年內的風險和回報，按統計理論，若假設市場回報的機會率是以平均回報率上下以鐘形（Bell Shape）形式分布（即常態 Normally Distributed），則在平均回報率上下：

一個波幅率之內的機會率為 68.26%，

兩個波幅率之內的機會率為 95.46%。

歷史波幅率的計算可見表一。

(2) 引伸波幅率（Implied Volatility）

引伸波幅率是期權市場的期權金所代表的市場波幅率，反映當時市場對於未來市場波幅率的預期。引伸波幅率是用當日期權價格按期權定價模式倒轉計算出來的波幅率。一般而言，我們會以預期引伸波幅率輸入期權定價模式以計算期權未來的理論值。

表一：歷史波幅率的計算

(1) 日期	(2) 最高	(3) 最低	(4) 收市	(5) 每日收市回報	(6) 20天回報平均數	(7) 每日回報與平均差距平方	(8) 20天變異數	(9) 20天標準差	(10) 一年波幅率
01-08-96	0.6823	0.6787	0.6791						
02-08-96	0.6794	0.6765	0.6792	0.000147	-0.000088	0.000000			
05-18-96	06813	0.6751	0.6764	-0.00413	-0.000088	0.000016			
06-08-96	0.6769	0.6735	0.6753	-0.00163	-0.000088	0000002			
07-08-96	0.6766	0.6739	0.6753	0	0.000088	0.0000000			
08-18-96	0.676	0.6729	0.6753	0	0.000088	0.0000000			
09-08-96	0.6785	0.675	0.6779	0.003843	-0.000088	0.0000015			
12-08-96	0.6798	0.6775	0.6777	-0.0003	-0.000088	0.000000			
13-08-96	0.6797	0.6775	0.679	0.001916	-0.000088	0.000004			
14-08-96	0.6788	0.6732	0.6734	-000828	-0.000088	0.000067			
15-08-96	0.6752	0.6721	0.6737	0.000445	-0.000088	0.000000			
16-08-96	0.6746	0.6701	0.6715	-0.00327	-0.000088	0.000010			
19-08-96	0.6739	0.6704	0.6732	0.002528	-0.000088	0.000007			
20-08-96	0.6736	0.6711	0.6728	-0.00059	-0.000088	0.000000			
21-08-96	0.6764	0.6723	0.6754	0.003857	-0.000088	0.000016			
22-08-96	0.6763	0.669	0.6712	-0.000624	-0.000088	0.000038			
23-08-96	0.679	0.6703	0.6773	0.009047	-0.000088	0.000083			
26-08-96	-0.6781	0.6763	0.6769	-0.000059	-0.000088	0.000000			
27-08-96	0.6794	0.6764	0.6772	0.000443	-0.000088	0.000000			
28-08-96	0.679	0.6756	0.678	0.001181	-0.000088	0.000002			
29-08-96	0.6786	0.6754	0.6779	-0.00015	-0.000088	0.000000	0.000014	0.003713	5.89%

如何判別波幅率高低？

在運用期權策略時，我們經常會碰到一個問題：究竟目前的市場波幅率是屬於偏高還是偏低？

一般而言，我們有以下幾個判斷的方法：

(1) 比較當前波幅率及其過往的情況，若以往的市況每每在5%之下即見回升，則5%之下的波幅率便叫偏低。此外，若以往的波幅率經常在30%之上便見頂，則我們可以說30%之上的波幅率為偏高。

(2) 應用波幅率的250天平均線去判斷：波幅率在其上則偏高，在其下則偏低。

(3) 應用波幅率的10天平均線去判斷波幅率的短期趨向，若波幅率高於10天平均線，波幅率趨升；相反，波幅率低於10天平均線，波幅率則趨跌。

三種波幅率公式

用歷史價位所計算出來的波幅率是代表以前的風險及回報，但並不代表將來市場會如以往一樣，因此歷史波幅率並不能為投資者準確預測將來的風險回報。

此外，在前述的歷史波幅率計算方法之中，公式只應用了收市價的升跌回報作為評估市場風險回報的基礎，然而在即市買賣極其活躍的金融市場，收市價的資料便未必能夠有效為投資者評估市場即市高低價位所帶來的風險及回報。

有見及此，目前市場亦有另外兩種計算波幅率的方法，以包括當日高低對於市場風險回報的因素。

在第一種以收市價計算的公式中，市場每日回報以下面計算：

$$r = \ln\left(\frac{C2}{C1}\right)$$

在第二種以市場當日高低位計算的公式中，市場波幅率以下面計算：

$$V2 = \sqrt{252} \times 0.601 \times \ln\left(\frac{H}{L}\right)$$

在第三種以市場高、低及收市價計算的波幅率公式中，計算方法是：

$$V3 = \sqrt{252} \times 0.5\ln\left(\frac{H}{L}\right)^2 - 0.39\ln\left(\frac{C2}{C1}\right)^2$$

如何選擇波幅率公式？

上面分別介紹過三種不同的歷史波幅率計算方法，至於何種計算公式為佳，則要視乎投資者認為那一種波幅率與市場的實況最為接近而定。

一般而言，市場最普遍所使用的，是以收市價回報率為基礎的歷史波幅率公式，因為，其中所涉及的數據最少。

實際上，投資者亦應對於波幅率在不同的市場上的應用有所區別，譬如：某市場每交易日的高低波幅甚細，又或該市場每日交易的時間很短的話，則投資者便應該避免選用包括高低價位的歷史波幅率公式。

相反而言，若某些市場每日的價位，高低幅度甚大，則單以收市價計算波幅率，便可能對市場的風險及回報有所低估，而包括高低價位的歷史波幅率公式亦可大派用場。

此外，若投資者所計算的波幅率是以較長線的「時間窗」，則收市價的波幅率已可應用，相反，較短的「時間窗」應該使用包括高低收市價的歷史波幅率公式。

最後，我們應該選擇的公式是可以較接近期權金所計算出來的引伸波幅率。

引伸波幅率更為重要

前述利用歷史波幅率可捕捉市場趨勢，但若以歷史波幅率去決定期權策略，我們仍然要面對一定困難。

期權的訂價是根據市場預期將來的波幅率，而非根據由歷史資料計算出來的波幅率，因此，兩者是截然不同的事。歷史波幅率計算已發生的市場的既有風險和回報，但期權的訂價是折現將來預期的市場風險和回報，兩者可以相去甚遠。

若我們要了解目前市場所預期的風險和回報，我們可以將當時期權金的價值輸入期權訂價的公式（例如，布力克·索爾斯模式），從而倒轉計算出市場波幅率，此一波幅率我們稱之為「引伸波幅率」，意即期權金所引伸出來的市場預期風險和回報。現實上，市場的引伸波幅率與歷史波幅率兩者相去可以甚大。

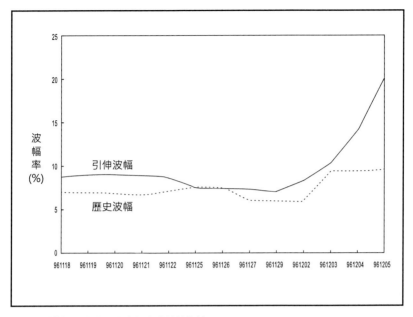

圖4.6 引伸波幅率與歷史波幅率分岐的比較

引伸波幅率的斜度

　　市場引伸波幅率固然與歷史波幅率不同，即使在同一個到期月份裡，不同行使價的期權的引伸波幅率亦存在差異，稱之為「引伸波幅率的斜度」（Implied Volatility Skew），或稱波幅率的「微笑」（Volatility Smile）。

　　以認購期權的系列來説，若價外（Out-of-the-Money）期權的引伸波幅率較等價（At-the-Money）期權為高，稱為正認購期權波幅斜度（Positive Call Skew）；相反，則稱為負認購期權波幅斜度（Negative Call Skew）。

123

認沽期權系列方面，若價外期權的引伸波幅率較平價期權為高，稱為正認沽期權波幅斜度（Positive Put Skew）；相反，則稱為負認沽期權波幅斜度（Negative Put Skew）。一般金融產品的期權都以正斜度為主。

下面是某產品 12 月 6 日到期的 12 月認購期權系列。於 11 月 5 日，12 月期貨價收 66.04，而認購期權結算價與引伸波幅率如下：

行使價	期權金	引伸波幅率
63.00	3.07	10.08%
64.00	2.13	9.08%
65.00	1.26	8.00%
66.00	0.62	7.85%
67.00	0.27	8.27%
68.00	0.12	9.08%
69.00	0.06	10.13%

從圖 4.7 可見，平價期權引伸波幅率最低。

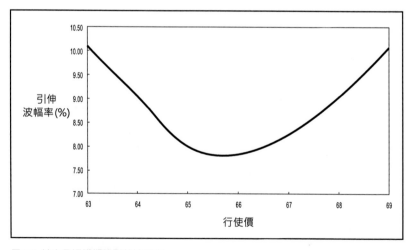

圖4.7 某產品認購期權引伸波幅率

對於金融產品的期權系列，通常出現正引伸波幅斜度的現象，換言之，價外期權的引伸波幅率較平價期權的引伸波幅為高，究其原因，一般歸因於市場人士的買賣行為。

(1) 投機者一般喜歡買入價外期權以低成本博取高槓桿回報，因而期權金的價格受需求影響而推高。

(2) 期權莊家或短線炒家則喜歡沽空平價期權，原因是沽空平價期權所賺的時間值最大。由上面可見，正引伸波幅斜度反映了一般市場的買賣行為。

不過正如分析家 A. J. Baird 所言，在股市指數期權市場中，經常會出現價外期權的引伸波幅率較平價期權的引伸波幅率為低。對這種現象，筆者相信是因為對沖行為所致，即長線股票投資者買入股票，同時在股市指數期權市場沽空價外認購期權以收取期權金作對沖下跌風險，因而使價外認購期權的價值偏低，引伸波幅較低。

Baird 所指出的另一現象是在商品期權市場出現「負認沽期權引伸波幅率斜度」，亦即價外認沽期權引伸波幅率較平價期權為低。筆者相信，此亦為生產商的對沖行為所致。他們生產商品，並在期貨市場沽空期貨合約，以對沖價格風險，然後再在期權市場沽空認沽期權收取期權金。

對於引伸波幅率的差異，除了存在於同一個到期月份的期權系列之中外，其實亦存在於不同到期月份之間。

主要來說，在近期的到期月份期權系列之中，平價與價外期權的引伸波幅率之間差異較大。

相反，遠期月份期權系列之中，平價期權與價外期權的引伸波幅差異較細。

上述不同月份的引伸波幅率差異，可參考圖 4.8。

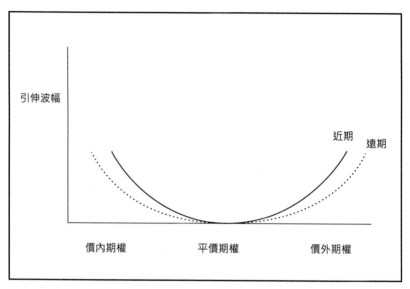

引伸波幅

近期　遠期

價內期權　　　平價期權　　　價外期權

圖4.8 引伸波幅率的斜度

在圖 4.8 中，引伸波幅率差異較大的是近期月份，而引伸波幅率差異較細者是遠期月份。

對於上述引伸波幅率差異，其實套戲者未必有利可圖，主要引致引伸波幅之間的差異是時間長短的差異。

若短期市場大幅波動，對於即將到期的期權引伸波幅影響最大；相反，短期市場的波動對於遠期的期權價值影響較細，因為遠期期權的定價早已算入較大的市場波幅。

換句話說，只有兩星期便到期的期權，所預期的市場標準差，必然較一年的市場標準差為細。因此，若市場在短期大幅波動，短期的標準差大升，對短期引伸波幅影響最大。

如何判斷引伸波幅高低？

前面筆者介紹以歷史波幅率作為釐定期權買賣策略的根據，事實上，更準確而言，我們應該以市場預期引伸波幅率的趨勢，來決定期權策略的應用。

一般而言，若期權金的引伸波幅率大幅高於歷史波幅率，我們可以初步判斷引伸波幅率偏高，相反，若引伸波幅率大幅低於歷史波幅率，我們可初步判斷引伸波幅率偏低。

上面用「初步判斷」字眼的意思，是我們不能單單因為引伸波幅率偏高或偏低而貿然應用期權策略，我們仍然需要以引伸波幅率的趨勢來作判斷。

若引伸波幅率高於其 250 天線，我們大致上判斷該引伸波幅率偏高；相反，低於 250 天線的引伸波幅率則屬於偏低。

在決定引伸波幅率是否見底回升，或見頂回落時，引伸波幅率的 10 天平均線往往可以扮演極之重要的角色。若引伸波幅率上破其 10 天平均線，可看為見底回升；若下破其 10 天平均線，則可看為見頂回落。

若我們看引伸波幅率上升，可行的期權策略包括：買入認購或認沽期權並以期貨作對沖，買入馬鞍式或勒束式等組合。相反，看引伸波幅率下跌，可沽空上述期權策略。

引伸波幅與對沖策略

其實，波幅率除了可以幫助我們正確判斷市場，從而釐定期權投資策略外，對於引伸波幅率後向的正確預期，可以幫助我們決定期權對沖的策略。

一般來説，當引伸波幅率偏低時，我們的對沖策略希望將現有的持倉改變，而成一個背向性跨價期權組合（Back Spread），即類似馬鞍式組合的 Delta-Neutral 倉盤。所謂 Delta-Neutral，即市價輕微的上落，對於倉盤的價值並無重大影響。不過，若其後引伸波幅率上升至應有的合理水平的話，則所持倉盤便會因波幅率上升而獲利。

相反來説，當引伸波幅率偏低時，我們的對沖策略希望將現有的持倉改變，而成一個面向性跨價期權組合（Front Spread），即類似沽空馬鞍式組合的盈虧情況。這種組合本身亦是一個 Delta-Neutral 的倉盤，市價輕微的上落並不影響倉盤的價值。不過，若其後市場的引伸波幅率回落至合理水平，倉盤價值下跌，從而令面向式組合策略有利可圖。

對於上述對沖策略，一般為期權莊家或短線期權炒家所應用，其買賣目標是賺取引伸波幅率的利潤，並盡量消除市價升跌對其買賣的影響。

第五章

沽 / 購期權平價
原理與套戲策略

在現實生活中，如果今日我們付出資金在股票市場上買入一手股票，經過交收後，我們便擁有一手股票，這手股票的買賣可稱為現貨買賣，是以現時市價買入並交收現時的資產。這些資產可以是一籃子股票、債券、商品、貨幣或農作物。

若我們在現時與買賣對手訂下協議，以現時合約所訂下的價格買入或沽出一段時間之後才交收的資產，我們稱此種交易為期貨市場的交易。由於由現在至交收時存在一段時間，當中涉及資金的利息成本，因此，此種利息成本亦會計算在目前所訂下的買賣價之內，而所訂的價格，便是期貨價格。

理論上，現貨價與期貨價存在著一個利息的因素。在現貨的交易中，資產的沽出者可以經交收後很快得到資金，而這些資金可以存在銀行或購買債券收息。相反，在期貨交易中，資產持有者承諾沽出資產，但由於資產要在一段時間後才可以交換成為現金，無形中沽出期貨合約者是損失了在這段時間之中將現金存在銀行或買入債券收息的機會，而所損失的便是這些現金的利率。

因此，在一切不變的情況下，資產擁有者寧願以現貨交易而不願以期貨形式交易，除非，買入者願意以較高的訂價買入期貨，而期貨價高於現貨價的溢價，理論上便是利率的成本。

以數學公式表示，期貨的價值應等如現貨的將來價值（Future Value）。假設現貨價為 S，期貨價為 F，一年的利率為 r，則現貨與一年期貨價之間的關係如下：

$$F = S + Sr$$

若時間為一年的分數或倍數，時間 t 的因素令公式改寫成：

$$F = S (1 + r)^t$$

實例：

若現貨 S 是 $100，利率是 10%，時間 t 是 2 年，則期貨價
應為：

$$F = 100 \times (1+0.10)^2$$
$$F = \$121$$

換言之，在一切不變的情況下，資產擁有者以 $100 的代價
即時以現貨交易沽出資產，與承諾以 $121 的代價在兩年後沽出
資產（期貨交易），基本上並無分別。

當然大家知道，一切並非不變，股市在兩年前與兩年後的分
別極大，買賣雙方必然不會純以利率決定期貨價，當中還包括了
風險因素，是故在實際的現貨市場上，在極短暫的時間內，一切
都大致未變，期貨與現貨價之間的關係便大致由利率的高低所決
定。在這裡，我們便可以考慮另一種利率的計算方式，稱為連續
複息利率（Continuous Compound Interest Rate）。

當我們計算期貨與現貨的利率差時，其實計算利率的時間及
密度對於最後所得是有一定的影響的，以下是其中的推論：

連續複息率計算方法：

在一般的利息計算中，假設本金為 S，利息年率為 r，則本
金 S 存在銀行一年，本金將增長至 S(1+r)。由此推出以後三年
的增長：

1 年後：$S(1+r)^1$

2 年後：$S(1+r)^2$

3 年後：$S(1+r)^3$

t 年後：$S(1+r)^t$

假設，銀行每半年計息一次，則存戶每年資金增長情況如下：

1 年後：$S\left(1+\dfrac{r}{2}\right)^{2(1)}$

2 年後：$S\left(1+\dfrac{r}{2}\right)^{2(2)}$

3 年後：$S\left(1+\dfrac{r}{2}\right)^{2(3)}$

t 年後：$S\left(1+\dfrac{r}{2}\right)^{2t}$

若進一步，某銀行每年計算 m 次，則存戶資金增長情況如下：

1 年後：$S\left(1+\dfrac{r}{m}\right)^{m(1)}$

2 年後：$S\left(1+\dfrac{r}{m}\right)^{m(2)}$

3 年後：$S\left(1+\dfrac{r}{m}\right)^{m(3)}$

t 年後：$S\left(1+\dfrac{r}{m}\right)^{mt}$

假設以 m = nr，則上述公式可以寫成：

$S\left(1+\dfrac{1}{n}\right)^{nrt}$

若現在銀行每時每分都在計息，一年計算無限次，則計息的形式便成為連續複息利率。此計息法亦即計算上述公式的極限（Limit），由於變數為 n，實際上公式可以下面形式計算：

$$\underset{n\to\infty}{\mathrm{Limit}}\, S\left(1+\dfrac{1}{n}\right)^{nrt}$$

$$= S\left[\underset{n\to\infty}{\mathrm{Limit}}\left(1+\dfrac{1}{n}\right)^{n}\right]^{rt}$$

依照數學方法，定義：

$$e = \underset{n\to\infty}{\mathrm{Limit}}\left(1+\dfrac{1}{n}\right)^{n}$$

因此，依連續複息利率計算，在 t 年之後，本金將增長至：

Se^{rt}

此公式相對於每年計算一次的公式：

$S(1+r)^t$

換言之，期貨價 F 與現貨價 S 的關係可寫成：

$F = Se^{rt}$ 或 $S = Fe^{-rt}$

e 的推算

推算上面公式頗為複雜，有興趣的讀者可參考以下二項式（Binomial）的演算：

$$\underset{n \to \infty}{\text{Limit}} \left(1+\frac{1}{n}\right)^n = 1 + n\left(\frac{1}{n}\right) + \frac{n(n-1)}{2!}\left(\frac{1}{n}\right)^2 + \frac{n(n-1)(n-2)}{3!}\left(\frac{1}{n}\right)^3 + \dots$$

$$= 1 + 1 + \frac{\frac{n^2-n}{n^2}}{2!} + \frac{\frac{(n-1)\cdot(n-2)}{n \quad n}}{3!} + \dots$$

$$= 1 + 1 + \frac{\left(1-\frac{1}{n}\right)}{2!} + \frac{\left(1-\frac{1}{n}\right)\cdot\left(1-\frac{2}{n}\right)}{3!} + \dots$$

由於 n 為無限大，因此 $\frac{1}{n}$，$\frac{2}{n}$，$\frac{3}{n}$ …… 都等於 0

上面公式變成：

$$= 1 + 1 + \frac{1}{2!} + \frac{1}{3!} + \dots$$

$$= 1 + 1 + \frac{1}{2(1)} + \frac{1}{3(2)(1)} + \dots$$

$$= 2 + 0.5 + 0.1667 + \dots$$

$$= 2.718282\dots$$

數學上，以上公式所衍生的數值定義為 e。

認購期權與認沽期權之間的關係

其實認購期權與認沽期權之間，並非互不相關的合約，相反，我們可以從利率的角度去了解兩者之間的關係。

假設，目前我們有兩套投資組合：

組合一：

買入一手股票 S，並同時買入一手行使價 E 的認沽期權 P 以保障下跌的風險。

組合二：

買入一手行使價 E 的認購期權 C，並將餘下資金買入政府債券 B 收取無風險的利息。該債券應於期權到期時，連本帶利等如以行使價 E 買入一手股票 S 的價值：

$$E = B(1 + r)^t$$

上述兩套組合都容許投資者獲利有無限上升的可能，但則保障了下跌的風險。

期權到期時我們可以考慮以下市況：

(1) 若股價 S 高於行使價 E

在組合一中，投資者可以股價 S 在市場沽出一手股票，套現資金相等於股價 S。至於認沽期權 P，則由於行使價 E 低於股價 S，未有行使價值，因此價值下跌至零。換言之，組合一的價值為 S。

在組合二中，投資者見股價 S 高於認購期權 C 的行使價，行使有利可圖，於是行使認購期權。他沽出債券 B，連本帶利得到相等於行使價 E 的資金，並行使認購期權，以行使價 E 買入正股。由他得到的正股股價為 S，他將股票沽出市場，可得回資金相等於股票 S。另一個方法是，若他的認購期權是以現金結算，到期時，他得到市價 S 與行使價 E 的差價，此外，投資債券為他帶來連本帶利 E 的資金，兩者加起來，價值亦為 S。

換言之，組合一與組合二的價值相同。

(2) 若股價 S 低於行使價 E

在組合一中，認沽期權的行使可賺取行使價與股價 S 之間的差價（E - S），而沽出正股可收回資金 S。換言之，組合一的價值是：

(E - S) + S = E

在組合二中，認購期權未能行使，價值等如零，而沽出債券，連本帶利可收回相等於 E 的資金。

換言之，組合一與二的價值一樣。

(3) 若股價 S 等如行使價 E

在組合一中，認沽期權並無行使價值，因此價值為零。而沽出正股所得回的資金為 S。換言之，組合一的價值為 S。

在組合二中，認購期權無行使價值，因此價值為零。而沽出債券，連本帶利可收回資金 E。

由於 S 等如 E，組合一及組合二的價值亦是相同。

在上面兩種組合中，我們可以找到認購期權與認沽期權之間的關係，可以下面數學公式表示：

S + P = C + B

其中：

S = 股價

P = 行使價 E 的認沽期權

C = 行使價 E 的認購期權

B = 所買入的債券

關於上面的債券投資，其實我們可以用銀行存款代替。

認沽——認購期權平價原理

假設投資者在價位水平 K 買入現貨，若在一年後現貨價升至價位水平 S，則投資者在帳面上賺取 S-K 的利潤。然而，由於投資者將資金投入現貨買賣中，投資者實質另外損失了資金的利息，或稱為持倉成本（Cost of Carry）。若當時一年利息為 r，則投資者付出的利息為 Kr。換言之，投資者實質賺取了（S - K - Kr）的利潤。

假設，投資者希望改持認購期權而達到上述效果，他可持有行使價 E 的認購期權。並將資金準備，直至期權到期時行使期權，以資金相等於行使價 E 換取現貨。由於他在一年後所需要的資金是 E，目前他只需要預備資金 K，並將之放在銀行收息，一年後便可獲得資金 E，公式是：

$E = K(1 + r)^t$

若以連續複息利率計算，公式為：

$E = Ke^{rt}$

現時預備的資金可折算如下：

$K = Ee^{-rt}$

上述 Ee^{-rt} 亦可看為現時買入債券或銀行存款的金額。

由於投資者買入一手認購期權，其意義便等如買入現貨並同時買入認沽期權，則讀者必然會問，全世界的投資者為甚麼不全部買認購期權，至少原先買入現貨的資金可以轉而放進銀行收息？

事實上，由於持有認購期權有此優惠，認購期權的期權金便會自然上升，以補回此一利息收入予期權的沽家，否則市場上無人會沽出認購期權予買家。

由此，我們得到認沽——認購期權平價理論：

$S + P = C + Ee^{-rt}$

此公式可簡化為：

$C = S - Ee^{-rt} + P$

實際上，認購期權金亦等如現貨價－行使價＋認沽期權＋行使價現值在未結算前所賺的利息：

公式是：

$C = S - E + P + (E - Ee^{-rt})$

在上面公式中：

C ＝認購期權金

S ＝現貨價

E ＝認購期權行使價

P ＝認沽期權金

e^{-rt} ＝折現率

此外，$(E - Ee^{-rt})$ 即期權未行使前，所預備的資金可賺取的利息。

若現價 S 等如行使價 E，認購期權金便等如認沽期權金加所預備資金的利息：

$C = P + E(1 - e^{-rt})$

在上面所討論的認沽──認購期權平價理論中，所應用的公式是：

$C = S - E + P + (E - Ee^{-rt})$

其中，S 所代表的是現貨資產，並未包括持有現貨資產 S 所帶來的回報。

S 的回報包括：

(1) 若 S 為外幣，則理論上持有 S 應可收取外幣的利率 i

(2) 若 S 為股票，則理論上持有 S 應可收取股息率 d

(3) 若 S 為股市指數，則理論上持有 S 應可收取整體盈利率 y（Market Yield）。

基於以上原因，上面的公式未達到完全的平價，因此上述認購期權 C 的公式，應減去持有現貨時所得到的收入，亦即是應用現貨資產 S 的折現值 Se^{-it} 以代替 S，公式如下：

$$C = Se^{-it} - E + P + (E - Ee^{-rt})$$

化繁為簡，上述公式應為：

$$C = Se^{-it} - Ee^{-rt} + P$$

期貨期權的平價

在我們應用認沽 —— 認購期權平價理論時，另一個重要的問題是，究竟我們是應用在現貨合約抑或期貨合約之上。

若我們所買賣的是現貨期權，例如場外的 OTC 外滙期權，費城交易所現貨外滙期權，前述的公式已可應用。不過，如我們所買賣的是期貨期權（Options on Futures），則投資者便需要另作考慮。

所謂期貨期權，意思是期權所代表或交收是以期貨合約為基礎，而參考的價位亦以交易所的期貨價為主。目前買賣極之活躍的美國芝加哥商品交易所（CMEO）、紐約商品交易所（NYMEX / COMEX）等期權產品全部都為期貨期權，因此影響性甚大。這些期權包括：美國 IMM 貨幣期權、S&P 500 指數期權、CBOT 美國 30 年債券期權、CMX 黃金及白銀期權等等。

至於香港期貨交易所的恒生指數期權，雖然該期權所代表的資產是恒生指數，是一種現貨指數，但由於恒指期權與恒指期貨都是在同一個交易日到期，其結算指數是一樣的，因此，實際上，恒指期權亦可看為是恒指期貨合約的歐式期權。

對於期貨期權的平價，其實並不太過複雜，只要我們將現貨 S 與期貨 F 的關係清楚界定便成。

對於計算期貨合約的期權平價，首先我們必須了解所討論的資產是否會產生回報：

(1) 若資產 S 是一項商品或農產品，本身不會產生回報，則期貨 F 的公式為：

$$F = S (1 + r)^t$$

(2) 若資產 S 是一項外幣，持有外幣有利息收入，目前由於只持有期貨合約，投資者將少收利息 i，是故：

$$S (1 + r)^t = F (1 + i)^t$$

$$F = S \frac{(1+r)^t}{(1+i)^t}$$

若以連續複息計算，其公式為：

$$F = S \frac{e^{rt}}{e^{it}}$$

$$S = F e^{(i-r)t}$$

由於認沽——認購期權平價理論公式為：

$$C = S e^{-it} - E e^{-rt} + P$$

將 S 的公式代入後：

$$C = F e^{-rt} - E e^{-rt} + P$$

上面的公式表示，當我們計算外幣期貨合約的期權時，並不用考慮該外幣的利率，而只需要計算本地利率便可以。同理，對於股市指數期貨的期權，股市的息率亦不用計算。

上面所討論的期貨期權的認沽——認購期權平價公式中，有以下幾點值得注意，在公式中：

$$C = e^{-rt} (F - E) + P$$

(1) 由於 (F-E) 大致上等於認購期權的內在值，因此，若期貨價 F 等於期權的行使價 E，認購期權 C 便等於認購期權 P。

(2) 若時間 t 十分短，e^{-rt} 便差不多等於 1。此外，若利率 r 十分細，e^{-rt} 亦差不多等於 1。另外，由於 (F-E) 的數值本身頗細，換言之，對於一至兩個月的期貨期權，認沽——認購期權平價公式可以簡單寫成：

$$C = F - E + P$$

(3) 對於價內期權或等價期權，認購期權金會大於認沽期權。

三種期權套戥策略

上面討論認沽——認購期權平價理論，目的是與讀者討論三種期貨與期權的合成套戥策略，分別為：

- 期權轉換策略 (Conversion)；
- 期權反轉策略 (Reversal)；
- 期權方盒策略 (Box)。

(1) 期權轉換策略 (Conversion Strategy)

所謂期權轉換策略，乃是指利用買入期貨合約，並同時沽空合成期貨組合，以賺取其中差價，以達致套戥的目的。

若我們以短期期貨期權的市場為例，由於認沽——認購期權平價理論的公式為：

$$C = F - E + P$$

期貨合約理論上亦應等如：

$$F = E + C - P$$

一旦套戥者發現，在行使價 E 上，連交易費用後，買入一張認購期權及沽空一張認沽期權再加行使價 E 大於當時期貨市場的期貨價的話，投資者即可進行套戥的活動，包括：買入一手期貨合約，同時沽空一手行使價 E 的認購期權及買入一手行使價 E 的認沽期權。

換言之，期權轉換策略可在以下情況運用：

F ＜ E + C - P

(2) 期權反轉策略 (Reversal Strategy)

這種策略亦即轉換策略的相反，是以買入合成期貨組合，同時沽空期貨市場的期貨合約，以套取其中差價，從而收到套戥之效。

若投資者發現，當時期貨相對於買入認購期權及沽空認沽期權加行使價 E 為高時，投資者將可得到一個套戥的機會。

方法是：買入行使價 E 的認購期權及沽空行使價 E 的認沽期權，同時沽空期貨合約。

換言之，期權反轉策略可在以下情況運用：

F ＞ E + C - P

對於期權轉換策略及期權反轉策略，套戥者當然需要將交易成本，例如經紀佣金、交易所徵費等雜項計入。此外，由於期貨、認購期權及認沽期權是三個市場，因此買賣差價的影響十分大。

此外，在執行上述買賣時，時間先後亦十分重要，若在「快市」中執行上述買賣，其中一邊未能按預期價位執行的話，將對套戥者帶來風險。

是故，上述策略一般由已有「倉底」者、盤房交易員或出市代表運用，普通散戶則要格外小心其中運作上的風險。

(3) 方盒策略 (Box Strategy)

此套戲策略的意義是：一方面在一行使價上買入合成期貨組合；另一方面，在另一行使價上沽出合成期貨組合。

方盒策略的主要目的是套取市場基於供求關係而間中產生的差價，從而達到套戲的效果。

實際上，買入合成期貨是買入認購期權，同時沽空認沽期權；此外，在另一行使價上，套戲者沽空認購期權，同時買入認沽期權，從而沽出一套合成期貨組合。

上面的期權運作其實亦等如買入一套看好的跨價認購期權組合 (Long Bull Call Spread)，同時沽空一套看好的跨價認沽期權組合 (Short Bull Put Spread)。

由於在認購期權及認沽期權兩個市場上有不同的供求關係，因此投資者亦可趁兩者出現價格偏差時入市套取差價。

套戲的主要風險是利率所引致的期權價格變化，是套戲者不可忽視的問題。

實例：

假設現時某指數期貨買入及賣出價報 10,740 / 10,745，而該指數期權的買入及賣出價如下：

認購期權		行使價	認沽期權	
買入價	賣出價		買入價	賣出價
1,000	1,070	10,000	280	300
860	910	10,200	330	350
700	730	10,400	400	420
580	620	10,600	450	470
470	490	10,800	520	540
400	440	11,000	660	640

套戥機會可用以下公式計算：

(1) 買入合成期貨價 = 行使價＋買入認購期權（賣出價）—
　　　　　　　　　　沽空認沽期權（買入價）

(2) 沽空合成期貨價 = 行使價＋沽空認購期權（買入價）—
　　　　　　　　　　買入認沽期權（賣出價）

上述數據計算如下：

行使價	買入 期貨價	賣出 期貨價	買入合成 期貨價	沽出合成 期貨價	套戥機會
10,000	10,740	10,745	10,790	10,700	×
10,000	10,740	10,745	10,780	10,710	×
10,000	10,740	10,745	10,730	10,680	✓
10,000	10,740	10,745	10,770	10,710	×
10,000	10,740	10,745	10,770	10,730	×
10,000	10,740	10,745	10,840	10,760	✓

假如每張期貨或期權買賣的經紀佣金均為每邊 $100，而交易徵費共 $11.5，套戥交易費用為：

C = 3 × (100 + 11.5) = 334.5

上述交易費用約 7 點。

上面例子共有三個套戥機會：

(1) 轉換策略（Conversion Strategy）

投資者可以：

買入行使價 10,400 的合成期貨及沽空一手期貨合約，利潤如下：

143

利潤 = 沽空期貨價－買入合成期貨價－交易費用

    = 10,740 -10,730 - 7

    = 3 點

上述套戲策略其實包括三種組合：

- 在 10,740 沽空期貨
- 以 730 點買入行使價 10,400 認購期權
- 以 400 點沽空行使價 10,400 認沽期權

若最後交易日最後結算價在 10,950，上述倉盤盈虧如下：

- 沽空期貨 ：10,740-10,950 = -210
- 買入認購期權 ：(10,950 -10,400)- 730 = -180
- 沽空認沽期權 ：400 - 0 = +400

  結算後利潤 = -210 - 180 + 400 = +10

  扣除交易費用 7 點，投資者實際賺 3 點。

(2) 反轉策略 (Reversal Strategy)

投資者可以：

買入一手期貨合約，同時沽空一套合成期貨合約（行使價 11,000），利潤如下：

利潤 = 沽空合成期貨價－買入期貨價－交易費用

    = 10,760 - 10,745 - 7

    = 8 點

上述套戲策略其實包括三種組合：

- 以 10,745 買入期貨
- 以 400 點沽空行使價 11,000 認購期權
- 以 640 點買入行使價 11,000 認沽期權

若最後交易日最後結算價在 10,950，上述倉盤盈虧如下：

- 買入期貨　　：10,950 - 10,745 = + 205
- 沽空認購期權：400 - 0 = +400
- 買入認沽期權：(11,000-10,950) - 640 = -590

　結算後利潤 = +205 + 400 - 590 = +15

　扣除交易費用 7 點，投資者實際賺 8 點。

(3) 方盒策略 (Box Strategy)

投資者可以增加套戲的利潤，即同時以行使價 10,400 及 11,000 的期權作套戲。投資者可以：

買入行使價 10,400 的合成期貨，同時沽空行使價 11,000 的合成期貨，利潤如下：

（交易費用包括 4 × 111.5 = \$446，即 9 點）：

利潤 = 沽空合成期貨價－買入合成期貨價－交易費用
　　 = 10,760 - 10,730 - 9
　　 = 21 點

上述套戲策略包括四種組合：

- 以 730 點買入行使價 10,400 認購期權
- 以 400 點沽空行使價 10,400 認沽期權
- 以 400 點沽空行使價 11,000 認購期權
- 以 640 點買入行使價 11,000 認沽期權

若最後交易日最後結算價在 10,950，上述倉盤盈虧如下：

- 買入 10,400 認購期權：(10,950 - 10,400) -730 = -180
- 沽空 10,400 認沽期權：400 - 0 = +400
- 沽空 11,000 認購期權：400-0 = +400
- 買入 11,000 認沽期權：(11,000-10,950)-640 = -590

結算後利潤 = -180 + 400 + 400 -590 = +30

扣除交易費用 9 點後，投資者實際賺 21 點。

（註：上面例子未計按金的利息）

第六章

期權定價模式

要解決期權的定價問題，我們必須從金融價格的機會率著手。假設股票 A 現時價格是 $100，預期三個月後，該股票到達下面價格水平的機會如下：

股價	預期機會率	預期三月後股價
70	3%	70 × 0.03 = 2.1
80	7%	80 × 0.07 = 5.6
90	10%	90 × 0.10 = 9.0
100	15%	100 × 0.15 = 15.0
110	40%	110 × 0.40 = 44.0
120	15%	120 × 0.15 = 18.0
130	10%	+) 130 × 0.10 = 13.0
	100%	106.7

從上面的計算，預期三個月後的股價應為 $106.70。

期權應如何定價？

若現在我們要計算上述預期價格的現值，我們可以根據下面公式計算。

假設，目前利率為 5%，預期股價的現值為：

$$PV\,[E\,(S)] = \frac{E\,(S)}{(1+r)^n}$$

其中：

PV [E (S)] ＝ 預期股價的現值

E (S) ＝ 預期股價

r ＝ 利率（年率）

n ＝ 時間（以年為單位）

將上述數字代入：

$$PV[E(S)] = \frac{106.70}{(1+0.05)^{0.25}}$$

$$= 105.41$$

換言之，三個月後的預期股價現值為 $105.41，而目前股票市價 $100，兩者之間的差價包括預期股息等因素在內。

認購期權的理論值

若現在我們要計算股票 A 認購期權的預期價值（理論值），我們可以用下面方式計算。

假設該認購期權的行使價為 $100，三個月後到期，意即三個月後若股價低於行使價 $100，認購期權的價值為零，若股價高於 $100，則認購期權的價值是股價與行使價之間的差價，亦即到期日期權的內在值。

該認購期權在三個月後的價值應為如下：

股價	認購期權內在值	預期機會率	預期三月後認購期權價
70	0	3%	0 × 0.03 = 0
80	0	7%	0 × 0.07 = 0
90	0	10%	0 × 0.10 = 0
100	0	15%	0 × 0.15 = 0
110	10	40%	10 × 0.40 = 4.0
120	20	15%	20 × 0.15 = 3.0
130	30	10%	+) 30 × 0.10 = 3.0
		100%	10.0

根據上面的計算，行使價 $100 的認購期權在三個月後到期日的預期價值是 $10.0。

若計算上述期權的預期現值，則可應用以下方式計算：

$$PV\,[\,E\,(C)\,] = \frac{E(C)}{(1+r)^n}$$

其中：

PV [E (C)]　　＝認購期權 C 的預期現值

E (C)　　　　＝預期認購期權價值

r　　　　　　＝利率（年率）

n　　　　　　＝時間（以年為單位）

代入上面數據：

$$PV\,[\,E\,(C)\,] = \frac{10}{(1+0.05)^{0.25}}$$

$$= 9.88$$

換言之，行使價 $100 的認購期權現時的預期價值（理論值）應為 $9.88。

認沽期權的理論值

若現在我們要計算股價 A 認沽期權的預期價值（理論值），我們可以用下面的方式計算。

假設該認沽期權的行使價為 $100，三個月後到期，意即三個月後，若股價高於行使價 $100，認沽期權的價值為零，若股價低於 $100，認沽期權的價值則為行使價減股價之間的差額，亦即到期日認沽期權的內在值。

該認沽期權在三個月後的價值應為如下：

股價	認購期權內在值	預期機會率	預期三月後認購期權價
70	30	3%	30 × 0.03 = 0.9
80	20	7%	20 × 0.07 = 1.4
90	10	10%	10 × 0.10 = 1.0
100	0	15%	0 × 0.15 = 0
110	0	40%	0 × 0.40 = 0
120	0	15%	0 × 0.15 = 0
130	0	10%	+) 0 × 0.10 = 0
		100%	3.3

根據上面的計算，行使價 $100 的認沽期權在三個月後到期日的預期價值是 $3.3。

若計算上述期權的預期現貨，則可應用下面方式計算：

$$PV[E(P)] = \frac{E(P)}{(1+r)^n}$$

其中：

PV [E (P)] ＝認沽期權 P 的預期現值

E (P)　　　＝預期認沽期權價值

r　　　　　＝利率（年率）

n　　　　　＝時間（以年為單位）

代入上面數據：

$$PV[E(P)] = \frac{3.3}{(1+0.05)^{0.25}}$$

$$= 3.26$$

換言之，行使價 $100 的認沽期權現時的預期價值（理論值）應為 $3.26。

期權的數學公式

上面是期權定價的最基本概念，然而，最困難的地方是如何知道股價到達不同價格水平的機會率，事實上，這涉及我們對價格波動的假設，而根據這些假設，我們可以用數學方法將不同價格的機會率計算，並乘以期權在不同價格的內在值，將這些項目總和，我們便可以計算期權理論值的現值。

（註：進一步的數算推算請參本章後的附錄。）

期權定價模式（布力克 · 索爾斯（Black-Scholes））

1973 年美國芝加哥期權交易所（CBOE）成立，開始了場內期權的標準合約買賣，與此同年，美國學術界對於期權的定價問題亦出現了突破性的發展。芝加哥大學教授費沙 · 布力克（Fischer Black）及麻省理工學院教授米羅 · 索爾斯（Myron Scholes）在 1973 年《政治經濟學報》（Journal of Political Economy）發表了一篇名為「期權定價與公司負債」（The Pricing of Options and Corporation Liabilities）的論文，從此結束了數十年來對於期權定價理論的爭論，亦開創了五花八門期權理論的其他發展。

在文章中，作者主要討論股票期權的定價公式，其中包括以下假設：

(1) 短期利率是固定而清楚的；

(2) 股價按「隨機漫步」式波動，即每次股價跳動之間並不存在關係。因此，股價的回報變異率（Variance Rate of Return）是固定，與股價成平方關係。而股價的分布是對數正態的（Log-Normal Distribution）；

(3) 股票並不支付股息；

(4) 股票期權是「歐式」的，即只可在到期日才行使；

(5) 買賣股票及期權並無交易費用；

(6) 可以短期利率借貸部分股票的資金；

(7) 拋空股票並不違法。

對於上述七個假設，雖然部分與事實有所差別，但由於其影響實際上有限，因此該理論仍有十分重要的參考作用。

期權定價模式的基礎是基於一種套戥（Arbitrage）的概念，即股票期權的定價，最後將行使期權與股票本身所組成的對沖組合，市況無論市價升跌均對其價值無影響，並且不會產生套戥的機會。

作者利用隨機微積分（Stochastic Calculus）的方法及物理學上的熱能轉移（Heat transfer）的公式，最後提出以下期權定價理論公式：

$$C = SN(d_1) - Ke^{-rt}N(d_2)$$

其中：

C　　= 股票的認購期權價

S　　= 現時股價

K　　= 認購期權的行使價

e　　= 2.71828（請參閱第五章 e 的推算方法）

r　　= 短期利率（無風險利率）

t　　= 期權離到期日的時間（年率）

e^{-rt}　= 連續複息折現率（Continuous Compound Discount）

d_1　　= 股票 S 達到平均回報率的標準差百分比

$N(d_1)$ = d_1 的累進正態機會率（Cumulative Normal Probabilities），即股價達到 d_1 回報的機會率

d_2　　= 股票 S 到達行使價的回報率的標準差百分比

$N(d_2)$ = d_2 的累進正態機會率，即股價達至 d_2 回報的機會率

d_1 及 d_2 的公式為：

$$d_1 = \frac{\ln(S/K) + (r + 0.5V^2)t}{V\sqrt{t}}$$

$$d_2 = d_1 - V\sqrt{t}$$

其中：

V　　= 股價標準差的年率，即一年波幅率 (Annualized Volatility)

正態分布機會率

對於 N（d_1）及 N（d_2）的計算，分析者可用正態分布表 (Normal Distribution Table) 查出相對的機會率。

此外，讀者亦可利用以下公式計算：

（1）如 d 大於或等如 0：

N (d)　　= $1 - N'(d)(a_1 X + a_2 X^2 + a_3 X^3 + ...)$

其中：

N' (d)　　= $(\frac{1}{\sqrt{2\pi}}) e^{\frac{-d^2}{2}}$

X　　= $\frac{1}{1+kd}$

若要公式準確至小數位後 5 個位，可用 X、X^2 及 X^3 三項，其中參考數可用：

K　　= 0.33267

a$_1$　　= 0.4361836

a$_2$　　= -0.1201676

a$_3$　　= 0.937298

（2）若 d 小於 0，則取 d 的絕對值 |d| 以計算 N（|d|）：

N (d)　　= $1 - N(|d|)$

實例：

假設某股票現價為 $100，短期利率為 5%，一年波幅率為 25%。若在其間股票不派息，而交易費用相對微不足道，則一個在 60 天後到期的歐洲式股票認購期權，行使價 $110，期權金的理論值應為多少？

運算：

應用布力克·索爾斯的期權定價模式：

$$C = SN(d_1) - Ke^{-rt} N(d_2)$$

其中：

S   = $100

K   = $110

r   = ln (1 + 0.05)

      = 0.0488（連續複息利率）

t   = $\dfrac{60}{365}$

      = 0.1644 年

V   = 0.25

d_1 = $\dfrac{\ln(S/K) + (r + 0.5V^2)t}{V\sqrt{t}}$

      = $\dfrac{\ln(\frac{100}{110}) + [0.0488 + 0.5(0.25)^2](0.1644)}{0.25(\sqrt{0.1644})}$

      = -0.81043

d_2 = $d_1 - V\sqrt{t}$

      = 0.81043 - 0.101366

      = -0.9118

(i) 由於 $d_1 < 0$

$N(d_1) \quad = 1 - N(|d_1|)$

$N(|d_1|) \quad = 1 - N'(|d_1|)(a_1 X + a_2 X^2 + a_3 X^3 + \dots)$

$N'(|d_1|) \quad = \dfrac{1}{\sqrt{2\pi}} e^{-(\frac{|d_1|}{2})^2}$

$\qquad\qquad = \dfrac{1}{\sqrt{2(3.1416)}} e^{\frac{-(0.81043)^2}{2}}$

$\qquad\qquad = 0.287269$

以參數：

$K \qquad = 0.33267$

$a_1 \qquad = 0.4361836$

$a_2 \qquad = -0.1201676$

$a_3 \qquad = 0.937298$

$X \qquad = \dfrac{1}{1 + k(|d_1|)}$

$\qquad\qquad = \dfrac{1}{1 + (0.33267)(0.81043)}$

$\qquad\qquad = 0.787646$

$N(|d_1|) = 1 - 0.287269\,[(0.4361836)(0.787646) + (-0.1201676)(0.787646)^2 + (0.937298)(0.787646)^3]$

$\qquad\qquad = 0.791152$

$N(d_1) \quad = 1 - N(|d_1|)$

$\qquad\qquad = 0.208848$

(ii) 由於 $d_2 < 0$

$N(d_2) \quad = 1 - N(|d_2|)$

$N(|d_2|) = N(0.9118)$

$$N(|d_2|) = 1 - N'(|d_2|)(a_1 X + a_2 X^2 + a_3 X^3 + \dots)$$

$$N'(|d_1|) = \frac{1}{\sqrt{2\pi}} e^{-1/2(|d_1|)^2}$$

$$= \frac{1}{\sqrt{2(3.1416)}} e^{-1/2(0.9118)^2}$$

$$= 0.263256$$

由於 K $= 0.33267$

$\quad a_1 = 0.4361836$

$\quad a_2 = -0.1201676$

$\quad a_3 = 0.937298$

$$X = \frac{1}{1+K(|d_2|)}$$

$$= \frac{1}{1+(0.33267)(0.9118)}$$

$$= 0.767266$$

$$N(|d_2|) = 1 - 0.287269[(0.4361836)(0.767266) +$$
$$(-0.1201676)(0.767266)^2 +$$
$$(0.937298)(0.767266)^3]$$

$$= 0.819066$$

$$N(d_2) = 1 - N(|d_2|)$$
$$= 1 - 0.819066$$
$$= 0.180934$$

最後，認購期權的理論值為：

$$C = SN(d_1) - Ke^{-rt}N(d_2)$$

$$C = 100(0.208848) - 110[e^{-(0.0488)(0.1644)}](0.180934)$$

$$= 1.1411$$

認沽期權定價模式

與認購期權的定價模式如出一轍，認沽期權的定價可按以下公式進行：

$$P = e^{-rt}K[1-N(d_2)]-S[1-N(d_1)]$$

實例：

依前述例子，若現時股價為 $100，認沽期權的到期日在 60 天之後，行使價為 $110，則認沽期權的理論值應為若干？

運算：

e^{-rt} = 0.9920

K = 110

$N(d_2)$= 0.180934

S = 100

$N(d_1)$= 0.208848

P = 0.9920 (110) (1-0.180934) - 100 (1-0.208848)

= 89.3765 - 79.1152

= 10.2613

在上述公式中，雖然已大致將期權定價的問題解決，但在公式的假設中，仍有以下幾點值得商榷：

(1) 若公司在期權到期前派息，將會令股價下跌，從而令認購期權下跌，認沽期權的期權金上升，期權定價應如何修正？

(2) 若期權所指定的資產是股市指數，則其年息率 (Dividend Yield) 應如何計算入期權定價之中？

(3) 在美國，不少期權的指定資產為期貨合約，究竟與上述期權定價模式有何分別？

(4) 對於外滙現價期權，期權定價模式有何分別？

(5) 在美國，大部分的期權都採用「美式行使」(American Exercise)的方式進行，由於美式行使方式容許期權持有人隨時在到期前行使，其價值應稍較「歐式」為高，究竟我們應如何將「美式」期權定價？

股票派息的期權公式

對於股票在期權到期前派息，最簡單的方法是在現時股價上作出修正，可在現價之上減去預期派息金額的折現值，其公式：

$$S' = S - De^{-rt'}$$

其中：

S' = 經派息金額折現後的股價

t' = 由現時至除淨日的時間（年率）

期權公式則為：

$$C = (S-De^{-rt'}) N(d_1) - Ke^{-rt'} N(d_2)$$

$$P = e^{-rt} K [1-N(d_2)] - (S-De^{-rt'})[1-N(d_1)]$$

指定資產為股市指數

若期權的指定資產為股市指數，一般表示期權合約是以現金交收，不會將其代表的股票作實物交收。不過，由於股市指數所代表的股票每年均會在不同時間派息，因此，股市指數亦相應可計算其息率(Dividend Yield)。Robert Merton 在 1973 年春季在《布爾經濟及管理、科學學報》(Bell Journal of Economics and Management Science)中發表了一篇名為「理性期權定價理論」(The Theory of Rational Option Pricing)的文章。

在計算股市指數的期權理論值，現時股價可作息率的折現，其公式可用連續複息折現方式進行：

$$I' = Ie^{-yt}$$

其中：

I　　= 現時指數

I'　　= 折現息率後指數

y　　= 指數整體息率 (Dividend Yield)

t　　= 由現時到歐式期權到期日

歐式指數期權公式為：

C　　$= Ie^{-yt} N(d_1) - Ke^{-rt'} N(d_2)$

P　　$= e^{-rt} K[1-N(d_2)] - Ie^{-yt}[1-N(d_1)]$

$$d_1 = \frac{\ln(I/K) + (r-y+0.5V^2)t}{V\sqrt{T}}$$

d_2　$= d_1 - V\sqrt{T}$

上述期權是歐式的指數期權，而股市息率應為預期的息率。

期貨的期權（Option on Futures）

所謂期貨的期權，即期權的指定資產為期貨合約的意思。在 1976 年，費沙.布力克（Fischer Black）另外發表了專文討論期貨合約的期權定價問題，該文發表於 1976 年 3 月《財務經濟學報》(Journal of Financial Economics)，名為「商品合約的定價」(The Pricing Of Commodity Contracts)。

在撇除息率及持倉成本後，期貨價 F 與現貨價 S 的關係為：

$$S = Fe^{-rt}$$

其中：

現貨價 S = 期貨價 F 的折現值

期權定價公式：

C　　= $Fe^{-rt} N(d_1) - Ke^{-rt} N(d_2)$ 或

C　　= $e^{-rt}[FN(d_1) - KN(d_2)]$

此外，由於期貨合約並不涉及投資資金，因此：

$$d_1 = \frac{\ln(F/K) + (0.5V^2)t}{V\sqrt{T}}$$

$$d_2 = d_1 - V\sqrt{T}$$

其中，無風險利率 r 並不存在。總括而言，歐式期貨期權的公式為：

C　　= $e^{-rt}[FN(d_1) - KN(d_2)]$

P　　= $e^{-rt}[K(1-N(d_2)) - F(1-N(d_1))]$

實際應用：

由於恒指期貨與恒指期權是同一到期日，因此，恒指期權理論上可看為恒指期貨的期權，可應用恒指期貨作為恒指期權的指定資產。不過，在計算時，必須確定恒指期貨與期權的到期月份相同。

現時，最活躍的恒指期貨合約是現貨月合約，而大部分期貨 / 期權的對沖活動都以現貨月合約為主，因此，若所計算的期權到期日並非現貨月，則我們便應該將現貨月期貨合約價轉為引伸期貨合約價，以保證期貨與期權的到期日相同。

引伸期貨價（Implied Futures Price）是計算現貨月期貨價加跨期擘價（Inter-month Roll 或 Roll-over Spread）。

其公式如下：

$$F2 = F_1 + Q$$

Q是市場報出的轉倉價（沽空某月份的期貨合約，並買入另一個月份的期貨合約），以指數點報出，主要是反映持貨成本及股息因素。

實例：

今天是 12 月 20 日，投資者希望計算 3 月份行使價 10,000 的指數認購期權的理論值，現時的現貨月是 12 月，現貨月期貨價是 9,850，期權尚有 100 天才到期。

在計算之前，投資者要計算 3 月份的引伸期貨價，現時，現貨月價為 9,850，現貨月轉 3 月季月的擘價（Roll-over Spread）市場報 140 點，則 3 月份引伸期貨價為：

$$F = 9,850 + 140$$
$$= 9,990$$

其他市場資料包括：

E = 10,5000

r = 三個月外滙基金票據利率 5.50%

t = 100/365
   = 0.2740 年

V = 波幅率 30%

引用布力克公式，指數認購期權的理論值應為：

$$C = e^{-rt} [FN(d_1) - EN(d_2)]$$

$$d_1 = \frac{\ln(F/E) + 0.5V^2 t}{V\sqrt{t}}$$

$$d_2 = d_1 - V\sqrt{t}$$

$$d_1 = \frac{\ln(9990/10000) + 0.5\,(0.30)^2\,(0.2740)}{0.30\,\sqrt{0.2740}}$$

$$= 0.072$$

$$d_2 = 0.072 - (0.30)\sqrt{0.2740}$$

$$= 0.085$$

$$C = e^{-0.055(0.2740)}\,[9990\,N(0.072) - 10000\,N(-0.085)]$$

$$= 611$$

外滙期權定價

布力克・索爾斯的期權定價模式基本是以無息率的股票作基礎。對於外滙期權,由於涉及兩種貨幣及其利息,在外滙期權的定價上亦應有所修改。

M.B. Garman 及 S.W. Kohlhagen 在 1983 年 12 月《國際貨幣及財務學報》(Journal of Money & Finance)上發表了一篇名為「外滙期權價值」(Foreign Currency Option Values) 的論文,應用布力克・索爾斯的方法設計了外滙期權的定價模式,他們的公式與 Robert Merton 在 1973 年發表的股票派息的公式如出一轍:

$$C = e^{-r_f t}\,S\,N(d_1) - e^{-r_d t}\,K\,N(d_2)$$

$$P = e^{-r_d t}\,K\,[1 - N(d_2)] - l e^{-r_f t}\,S\,[1 - N(d_1)]$$

$$d_1 = \frac{\ln(\frac{S}{N}) + (r_d - r_f + \frac{V^2}{2})t}{V\sqrt{t}}$$

$$d_2 = d_1 - V\sqrt{t}$$

其中:

C　= 認購期權

S　= 現貨滙率 (Spot Rate)

r_f　= 外國貨幣無風險利率

r_d　　= 本地（基礎）貨幣的無風險利率

t　　　= 到期時間（年率）

K　　　= 期權行使價

V　　　= 波幅率（年率）

美式期權的定價

美式期權與歐式期權主要分別是：美式期權給予期權持有者在期權到期前行使的機會；歐式期權則只可在到期日行使。因此，美式期權金略貴於歐式期權金，其差額稱為提前行使的風險溢價（Early Exercise Premium）。

在美國兩大主要交易所，包括 CME 及 CBOT，均以美式期貨期權制為主，此外，香港聯交所的股票期權亦為美式行使方式。

對於美式期權，目前廣泛使用的定價模式是二項期權定價模式（Binomial Option Pricing Model），此模式是由 John C. COX、Stephen A. Ross 及 Mark Rubinstein 於 1979 年 7 月在《財務經濟學報》（Journal of Financial Economics）首先發表，迅即成為投資界廣泛使用的期權定價工具。

二項期權定價模式

二項期權定價模式是以套戥原理作為基礎，即如果投資組合經過期權的對沖，指定資產的市價無論升跌都不會經過對沖組合產生影響，因而並不產生套戥的機會。

假設：投資者以借貸形式投資股票，其中，他以年息 i 發行債券 B 以借入為資本，一年後，他要償還金額 rB，即 B(1+i)，其中 r = (1+i)。

此外，他拋空一張行使價 K 的認購期權，以收取期權金 C。最後，他將收到的金額買入 △ 手股票 S。

由於投資者要視乎可借到的金額 B 有多少，因此必須在買入股票的手數 △ 上有所調整。

在起始時，投資者的投資組合為：-B + C = △ S。

如果投資者所持有是一個完全對沖的投資組合，則股票 S 無論升跌皆對組合盈虧並無影響。

現假設兩種情況：

(1) 股價上升 u 倍

假設一年後，股價上升 u 倍，則完全對沖後組合如下：

$$\triangle uS + rB - C_u = 0$$

其中：

1. 股票由 △ S 上升至 △ uS

2. 還債的金額為 rB

3. 認購期權由 C 上升至 C_u

(2) 股價下跌 d 倍

假設一年後股價下跌 d 倍，則完全對沖後組合如下：

$$\triangle dS + rB - C_d = 0$$

其中：

1. 股票值由 △ S 下跌至 △ dS

2. 還債的金額為 rB

3. 認購期權由 C 下跌至 C_d

在一個完全的對沖的組合下，投資者應借多少錢 B 及買多少股票 △？

其公式可以下列兩公式相減求得：

$$\triangle uS + rB - C_u = 0$$
$$-)\ \triangle dS + rB - C_d = 0$$

$$\overline{\triangle (uS-dS)-(C_u-C_d)} = 0$$

$$\triangle\ = \frac{C_u - C_d}{S\,(u-d)}$$

將△代入上述公式：

$$rB\ = C_u - \frac{C_u - C_d}{S\,(u-d)}\,(uS)$$

$$B\ = \frac{C_u(u-d) - uC_u + uC_d}{r\,(u-d)}$$

$$B\ = \frac{uC_d - dC_u}{r\,(u-d)}$$

將△及 B 代入起初時投資組合的公式：

$$C\ = \triangle S + B$$

$$C\ = \left[\frac{C_u - C_d}{S\,(u-d)}\right] S + \frac{uC_d - dC_u}{r\,(u-d)}$$

$$=\frac{rC_u - rC_d + uC_d + dC_u}{r\,(u-d)}$$

$$=\frac{C_u(r-d) + C_d(u-r)}{r\,(u-d)}$$

$$C\ = \frac{1}{r}\left[\frac{(r-d)}{(u-d)}\,C_u + \frac{(u-r)}{(u-d)}\,C_d\right]$$

事實上，由於：

$$\frac{(r-d)}{(u-d)} \equiv 1 - \frac{(u-r)}{(u-d)}$$

若定義 $P \equiv \dfrac{(u-r)}{(u-d)}$

則 $1-P = \dfrac{(u-r)}{(u-d)}$

上述期權公式可簡化為：

$$C = \dfrac{1}{r}\left[\,PC_u + (1-P)\,C_d\,\right]$$

在這裡，有兩個條件必須接受：

(1) 利率 r 必須大於 d 及小於 u，亦即 d < r < u，否則投資者只需買賣債券已有利可圖，不用投資股票。

(2) 在美式期權中，由於期權可隨時在到期前行使，故必須留意期權持有人提前行使的因素。一個理性投資者，若發覺 $\triangle S + B$ 小於 S - K，表示投資者可以即時行使認購期權，收取 S - K 的差價，然後再買入 $\triangle S + B$ 的組合，以賺取無風險利潤。相反，期權金大於 S - K，期權持有者可拋空期權及買入 $\triangle S + B$ 以作套戥。因此，期權金在該時段價值應為 Max[0, S - K]。

股價與期權金的二項發展

以圖表來看，若時間為一個單位，股價及期權的發展將成兩項式：

$$S \begin{cases} uS \\ dS \end{cases} \qquad C \begin{cases} C_u = \text{Max}[\,0,\,({}_uS - K)\,] \\ C_d = \text{Max}[\,0,\,(dS - K)\,] \end{cases}$$

若時間為兩個單位，其發展將為如下：

$$S \begin{cases} uS \begin{cases} uuS \\ udS \end{cases} \\ dS \begin{cases} \\ ddS \end{cases} \end{cases} \qquad S \begin{cases} C_u \begin{cases} C_{uu} = \text{Max}[\,0,\,u^2 S - K\,] \\ C_{ud} = \text{Max}[\,0,\,udS - K)\,] \end{cases} \\ C_d \begin{cases} \\ C_{dd} = \text{Max}[\,0,\,d^2 S - K\,] \end{cases} \end{cases}$$

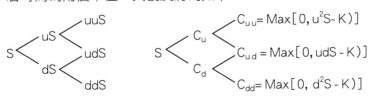

如此類推，股價及期權金的發展將有無盡的可能。

在認購期權的公式上：

(1) 一個時段的公式是：

$$C = \frac{1}{r}[PC_u + (1-P)C_d]$$

(2) 兩個時段的公式是：

$$C_u = \frac{1}{r}[PC_{uu} + (1-P)C_{ud}]$$

$$C_d = \frac{1}{r}[PC_{du} + (1-P)C_{dd}]$$

$$C = \frac{1}{r}[P\{\frac{1}{r}[PC_{uu}+(1-P)C_{ud}]\}+(1+P)[\frac{1}{r}[PC_{du}+(1-P)C_{dd}]]$$

$$= \frac{1}{r^2}[P^2 C_{uu} + 2P(1-P)C_{ud} + (1-P)^2 C_{dd}]$$

$$= \frac{1}{r^2}[P^2 Max[0,u^2 S-K]+2P(1-P)Max[0,du\,S-K]+(1-P)^2 Max[0,d^2 S-K]]$$

(3) 若時段增加至 n 的情況下，其公式可寫成：

$$C = \frac{1}{r^n}[\sum_{j=0}^{n}[\frac{n!}{j!(n-j)!}]\,p^j\,(1-P)^{n-j}\,Max[0,u^j d^{n-j}S-K]]$$

其中， n ＝ 時段數目

j ＝ 時段之中第 j 項

$\dfrac{n!}{j!(n-j)!}\,p^j(1-P)^{n-j}$ ＝ 二項的機會率，亦即是 n 次時段中第 j 項的機會率

對於 Max $[0, u^j d^{n-j}S-K]$，在運算上仍有困難，然而我們亦可將之進一步簡化。

由於在所有可能性中，不是全部都可產生大於 0 的期權金價值，因此可定義 a 為 0 至 n 次時段之中的分界線，其中：

若 $j < a$, Max$[0, u^j d^{n-j} S\text{-}K] = 0$

若 $j \geq a$, Max$[0, u^j d^{n-j} S\text{-}K] = u^j d^{n-j} S\text{-}K$

此外，若上述 r 為每時段的利率 $\hat{r}$，整個時段的利率將為 $\hat{r}^n$，而此亦等如利率 r^t，認購期權的公式可進一步簡化為：

$$C = \frac{1}{\hat{r}} \left\{ \sum_{j=a}^{n} \left[\frac{n!}{j!(n-j)!} \right] p^j (1\text{-}P)^{n-j} [u^j d^{n-j} S\text{-}K] \right\}$$

至於 a 項方面，可按以下不等式求得：

$u^a d^{n-a} S > K$

上述公式即第 a 項股價變動高於行使價，將公式調整：

$a\,lnu + (n\text{-}a)lnd + lns > lnk$

$a\,lnu + nlnd - alnd + lns > lnk$

$a(lnu - lnd) = lnk - nlnd - lns$

$a = ln(\frac{k}{d^n s})/ln(\frac{u}{d})$

u 及 d 的公式

正如前述，u 及 d 是股票每一時段上升或下跌的倍數，亦即是股票回報率，由此在 n 個時段中的 j 項，股票回報率為：

$\frac{S'}{S} = u^j d^{n-j}$

$log\frac{S'}{S} = jlogu + nlogd - jlogd$

$= jlog(\frac{u}{d}) + nlogd$

169

若每次上升 u 倍的機會為 q，則回報率的平均值 μ 及變異率 σ^2 將會以下面公式表達（假設 n 接近 ∞）：

上升 u 的機會率：$\quad q = \dfrac{j}{n}$

$[q\log(\dfrac{u}{d}) + \log d] n \quad = \mu t$

$q(1-q)[\log(\dfrac{u}{d})]^2 n \quad = \sigma^2 t$

因此：

(1) 由於 $\log u = \sigma\sqrt{\dfrac{t}{n}}$，因此 $u = e^{\sigma\sqrt{\frac{t}{n}}}$

(2) 由於 $\log d = \sigma\sqrt{\dfrac{t}{n}}$，因此 $d = e^{-\sigma\sqrt{\frac{t}{n}}}$

(3) $q = \dfrac{1}{2} + \dfrac{1}{2}(\dfrac{\mu}{0})\sqrt{\dfrac{t}{n}}$

r 的公式

由於公式中所用的利息回報率 $\hat{r}$ 是以一個時段的回報率為標準，在 n 個時段中回報應為 $\hat{r}^n$。

若 n 時段發生在時間 t 之內，而年息率為 R，其連續複息回報將為 e^{Rt}，換言之，

$\hat{r}^n \quad = e^{Rt}$

$\hat{r} \quad = e^{\frac{Rt}{n}}$

其中：

R $\quad$ = 利率（年率）

$\hat{r} \quad$ = 每時段利息回報率

R' $\quad$ = 市場利率

連續複息利率 R= $\ln(1+R')$

實例：

應用前述例子，若股票不派息，現價為 $100，其美式認購
期權行使價為 $110，到期日為 60 天之後，年利率為 5%，波幅
率為 25%，則應用二項期權定價，期權金應為若干？

運算：

已知：

現股價 S　　= 100

行使價 K　　= 110

時間 t　　　= 60/365

　　　　　　= 0.1644 年

波幅率 V　　= 0.25

年利率 R　　= 0.05

(1) 若二項式的時段共有 5 個，則：

時段　　n = 5

每時段利率回報 $\hat{r}$　= $e^{\frac{Rt}{n}}$

　　　　　　　　　= $e^{\left[\frac{0.05(0.1644)}{5}\right]}$

　　　　　　　　　= 1.0016

每時段上升回報　u　= $e^{V\sqrt{t/n}}$

　　　　　　　　　= $e^{(0.25)\sqrt{(0.1644)/5}}$

　　　　　　　　　= 1.0464

每時段下跌回報　d　= $e^{-V\sqrt{t/n}}$

　　　　　　　　　= $e^{-(0.25)\sqrt{(0.1644)/5}}$

　　　　　　　　　= 0.9557

　　　　　　　P　= $\frac{r-d}{u-d}$

　　　　　　　P　= $\frac{(0.0016)-(0.9557)}{(1.0464)-(0.9557)}$

　　　　　　　　　= 0.5068

$$a = \log(K/d^n s)/\log(u/d)$$
$$= 4\ (\text{整數})$$

認購期權的公式是：

$$C = \frac{1}{r^n}\left\{\sum_{j=a}^{n}\left[\frac{n!}{j!(n-j)!}\right][p^j(1-P)^{n-j}][u^j d^{n-j}S-K]\right\}$$

$$= \frac{1}{(1.0016)^5}\left[\frac{(5\times4\times3\times2)}{(4\times3\times2)(1)}\right][(0.5068)^4(1-0.5068)^1]$$

$$[(1.0464)^4(0.9557)^1(100)-110]+\frac{1}{(1.0016)^5}$$

$$\left[\frac{(5\times4\times3\times2)}{(4\times3\times2)(1)}\right][(0.5068)^5(1-0.5068)^0]$$

$$[(1.0464)^5(0.9557)^0(100)-110]$$

$$= 1.2489$$

(2) 若時段 n = 100，上述計算的結果將為 1.1469，與布力克‧索爾斯模式的數字極之接近。

總結而言，二項式與布力克‧索爾斯期權定價模式兩者極之接近。換言之，在股票不派息的情況下，兩者期權定價模式並無明顯分別，不過，若在其間派發股息，可能催使美式認購期權持有者在到期前行使期權，以獲取正股收息。因此，若在派息的情況下，美式期權的定價將與歐式期權有明顯分別。

美式認沽期權定價

對於美式認沽期權，其定價方法如出一轍：

(1) 假設時段 n-1，認沽期權的定價如下：

$$P \begin{cases} P_u = Max[0, K - us] \\ P_d = Max[0, K - ds] \end{cases}$$

若 $P = \dfrac{r-d}{u-d}$，則

$$P = [pPu + (1-P)P_d]\dfrac{1}{r}$$

(2) 假設時段為 n，認沽期權的定價公式為：

$$P = \dfrac{1}{r^n} \left\{ \sum_{j=0}^{n} \left[\dfrac{n!}{j!(n-j)!} \right] p^j (1-P)^{n-j} Max[0, K - u^j d^{n-j} S] \right\}$$

派息的影響

若股票的期權在到期前，正股宣布派息，由於派息會令正股股價下跌，因而令期權持有者希望將期權在到期前行使。

在計算期權的價值時，若考慮派息因素，可假設：

y = 每時段的派息率

w = 除淨日處於期權到期前的時段數目

假設時段 n = 1，認購期權的價值為：

$$C \begin{cases} C_u = Max[0, u(1-y)^w S - K] \\ C_d = Max[0, d(1-y)^w S - K] \end{cases}$$

此外，$C = \dfrac{1}{r}[PC_u + (1-P)C_d]$

若 $[u(1-y)^w S - K]$ 大於 $1/r[PC_u + (1-P)C_d]$，將引發期權提前行使，因此，假設時段為 n，除淨日處於期權到期前 i 時段，該認購期權的公式為：

$$C(n,i,j) = \text{Max} [u^j d^{n-i-j} (1-y)^{w(n-i)} S-K, [pC(n,i-1,j+1)+$$
$$(1+p)C(n,i-1,j)] \frac{1}{r}]$$

其中：

$$W(n-i) = \sum_{k=1}^{n-j} W_k$$

通用公式為：

$$C = \frac{1}{r^n} [\sum_{j=0}^{n} (\frac{n!}{j!(n-j)!}) p^j (1-P)^{n-j} C(n,i,j)]$$

美式期貨期權的定價模式

美式期貨期權（American Futures Options）在美國主要期貨交易所十分流行，例如 CME 的標準普爾 500 指數期權、貨幣期權等，其指定資產皆為期貨合約，而這些美式期貨期權的特點是投資者可以在到期日或以前隨時行使期權以行使價買入或沽出期貨合約。於期貨合約的成交及流通性較現貨為大，實際有助期權使用者用期貨合約作套戥或對沖的安排。

由於美式期貨期權有提前行使的權利，因此，其理論值應高於歐式期貨期權。在八十年代，學者 Barone-Adesi 及 E. Whaley 發展出一種美式期貨期權的定價模式，稱為 Quadratic Approximation Method。這個模式相當複雜，其計價公式可參考如下：

(1) 美式期貨認購期權

假設：

C_a ＝美式期貨認購期權

C_e ＝歐式期貨認購期權（布力克模式）

E　　　= 期貨行使價

V　　　= 期貨合約波幅率

t　　　= 時間（年率）

r　　　= 無風險利率

F'　　　= 滿足以下公式的期貨價

F'　　　= $C_a + E + A_1$

其中：

A_1　　　$= \dfrac{F'}{a_1} \left[1 - e^{-rt} N(d_1) \right]$

a_1　　　$= \dfrac{1}{2}(1 + \sqrt{1+4b})$

b　　　$= \dfrac{2r}{V^2 (1 - e^{-rt})}$

d_1　　　$= \dfrac{\ln\left(\dfrac{F'}{E}\right) + \dfrac{1}{2}V^2 t}{V\sqrt{t}}$

美式期貨認購期權的定價是：

（i）如期貨現價小於 F'

$$C_a = C_e + A_1 \left(\dfrac{F}{F'}\right) a_1$$

（ii）如期貨現價大於或等如 F'

$$C_a = F - E$$

(2) 美式期貨認沽期權

假設：

P_a　　　= 美式期貨認沽期權

P_e = 歐式期貨認沽期權（布力克模式）

E = 期貨行使價

V = 期貨合約波幅率

t = 時間（年率）

r = 無風險利率

F' = 滿足以下公式的期貨價

F' = $E - P_a + A_2$

其中：

$$A_2 = \frac{F'}{a_2} \left[1 - e^{-rt} N(-d_1) \right.$$

$$a_2 = \frac{1}{2} (1 - \sqrt{1+4b})$$

$$b = \frac{2r}{V^2 (1 - e^{-rt})}$$

$$-d_1 = \frac{\ln\left(\frac{F'}{E}\right) + \frac{1}{2} V^2 t}{V \sqrt{t}}$$

美式期貨認沽期權的定價是：

(i) 如期貨現價大於 F'

$$P_a = P_e + A_2 \left(\frac{F}{F'}\right) a_2$$

(ii) 如期貨現價 F 小於或等如 F'

$$P_a = E - F$$

（註：參考 Barone-Adesi、Giovanni and E. Whaley, "Efficient Analytic Approximation of American Option Values", Journal of Finance, June 1987, P.301-320)

附錄：
期權的數學公式

以數學公式表達，假設：

f(s)是股價在時間 t 之後在價位 S 的機會率函數，則認購期權在時間 t 之後的預期價值可以用以下公式表達：

$$E(C_t) = \int_K^\infty [S-K] f(s) \, dS$$

上面微積分的公式是計算股價在到期日 t 時，價格 S 在行使價 K 之上直至無限的機會價值的總和。

而認購期權的理論值則等如預期價值的現值（以連續複息率計算現值），公式如下：

$$C_0 = e^{-rt} E(C_t)$$

至於認沽期權，則可以用下面的公式表示：

$$E(P_t) = \int_0^K [K-S] f(s) \, dS$$

$$P_0 = e^{-rt} E(P_t)$$

關於機會率分布的函數 f(s)，我們必須去到最基礎對於金融價格波動的假設上。

對市場價格的假設

在期權定價的模式中，它假設金融價格是隨意跳動（Stochastic），而未來價格只受現在的變數影響，從前的資料並無參考作用，稱為馬哥夫過程（Markov Process）。

根據上面的假設，金融價格變化的數學公式如下：

$$\triangle S = \mu S \triangle t + \sigma S \triangle Z$$

其中：

S　　　= 金融市場價格

μ　　　= 價格平均值

σ　　　= 價格的標準差

t　　　= 時間

Z　　　= 誤差

認購期權理論值公式

上面我們曾指出，認購期權時間 t 的理論值為：

$$E[C_t] = \int_K^\infty [S-K] f(s) \, dS$$

由於股價波動假設為隨機，因此，其機會率函數 $f(S)$ 是 Transition Density Function。

由於上述函數是受變數 t、S 及 S_0 的影響，該函數可寫成：

$$f(t,S,S_0) = \frac{1}{S\sigma\sqrt{2\pi t}} \exp\left[\frac{\{\ln S - [\ln S_0 + (r-\frac{\sigma^2}{2})t]\}^2}{2\sigma^2 t}\right]$$

經過數學的過程，認購期權的公式可寫成：

$$E[C_t] = S_0 e^{rt} \int_{-\infty}^a \frac{1}{\sqrt{2\pi}} e^{\frac{x^2}{-2}} \, dx - K \int_{-\infty}^b \frac{1}{\sqrt{2\pi}} e^{\frac{y^2}{-2}} \, dy$$

其中：

$$X = \frac{\ln S - (\mu + \sigma^{-rt} t)}{\sigma\sqrt{t}}$$

$$y = \frac{\ln S - \mu}{\sigma\sqrt{t}}$$

$$\mu = \ln S_0 + (r - \frac{\sigma^2}{2}) t$$

$$a \quad = \frac{\ln K - (\mu + \sigma^2 t)}{\sigma \sqrt{t}}$$

$$\sigma \quad = \frac{\ln K - \mu}{\sigma \sqrt{t}}$$

由於：

$$N(d) \quad = \int_{-\infty}^{d} \frac{1}{\sqrt{2\pi}} e^{-\frac{\Sigma^2}{2}} \, d\Sigma$$

其實是標準正態分布（Standard Normal Distribution）的函數，可用 N(d) 作表示，因此，上述公式亦可寫成：

$$C_t \quad = S_0 e^{rt} N \left[\frac{\ln(\frac{S_0}{K}) + (r + \frac{\sigma^2}{2})t}{\sigma \sqrt{t}} \right]$$

$$= -KN \left[\frac{\ln(\frac{S_0}{K}) + (r + \frac{\sigma^2}{2})t}{\sigma \sqrt{t}} \right]$$

上述認購期權的現值則為：

$$C_0 \quad = S_0 N(d_1) - Ke^{-rt} N(d_2)$$

其中：

$$d_1 \quad = \frac{\ln(\frac{S_0}{K}) + (r + \frac{\sigma^2}{2})t}{\sigma \sqrt{t}}$$

$$d_1 \quad = \frac{\ln(\frac{S_0}{K}) + (r + \frac{\sigma^2}{2})t}{\sigma \sqrt{t}} - \sigma \sqrt{t}$$

（註：上述引述僅為極簡化的數學過程，詳細的數學推算可參考 M. T. Cheung 及 David W.K.Yeung 的著作 "Pricing Foreign Exchange Options: Incorporating Purchasing Power Parity", Hong Kong University Press, 1992）

第七章

期權風險管理
與對沖策略

　　投資者持有現貨外幣或股票作為中長線投資，但預期市場短期可能出現下跌，則投資者可以有多少種方法對沖以保障損失呢？

對沖策略

(1) 沽空期貨：首選者是沽空期貨合約以作全面對沖，從而將價位鎖在現有水平，以收取利息，這是成本最低的方法。不過，由於現貨與期貨的盈虧此消彼長，實質上投資者已無緣於其後現貨價位上升。若投資者希望獲取現貨價位上升可能所帶來的利潤，則投資者應選擇期權的對沖方式。

(2) 買入認沽期權：最簡單的期權對沖方式是買入平價（ATM）認沽期權。若所持有的現貨價格下跌，投資者可以從認沽期權金上升中獲利，以抵銷現貨的損失。不過，到了期權到期日，投資者整體上仍然要損失當初所付出的認沽期權的期權金，此一損失，可視為期間保險的保費。

(3) 沽空認購期權：若投資者認為市價的下跌只屬調整，下跌幅度不大，或甚至只會橫向發展，故不希望付出昂貴的期權金，則投資者可以考慮沽空認購期權。這種策略最大的好處是收取期權金，以補貼市價調整時的損失，但壞處是若市價繼續上升，幅度多於期權金的話，其後升幅的利潤便與投資者無緣。

　　上面介紹過利用期貨、認購期權及認沽期權作為對沖工具的方法，不過，上述三者都各有利弊。

　　期貨對沖雖然成本最低，但亦失去市價上升的獲利機會。買入認沽期權，可為對沖者提供市價上升的獲利機會，但卻需要付出期權金的費用。若以沽空認購期權作對沖，對沖者可收取期權金；但若市價大幅下跌，則投資者仍未能得到完全的對沖保險。

換言之，期貨對沖與未入市前一樣；用買入認沽期權作對沖，情形與買入認購期權一樣；至於以沽空認購期權作對沖，則情形便與沽空認沽期權一樣。在三種對沖策略之中，只有沽空認購期權是風險無限的一種，因此，是一般投資者最後的對沖選擇。投資者可因應個別的情況而作適當的取捨，以達致更佳的對沖效果。

在上面以買入認沽期權作為對沖策略者，好處是有市價下跌的保險，但壞處是要付出期權金。然而，我們可以有兩種選擇：

(1) 在買入平價認沽期權後，再沽空平價認購期權，從而達致合成期貨（Synthetic Futures）的對沖。

(2) 在買入價外認沽期權後再沽空價外認購期權，從而合成一個圍牆式（Fence）的策略。對沖後，整個組合便變成一個跨價認購期權組合（在滙市中，此種組合常稱為 Range Forward，在利率市場則稱為 Collar），即市價下跌時存在有限風險；而市價上升，則存在有限回報。

「圍牆式」（Fence）的對沖策略對於不少專業投資者來說是最佳策略，其優點是：投資者買入價外認沽期權以對沖所持現貨或期貨的下跌風險，但由於要付出期權金，帳面上並不好看，因此，投資者願意犧牲部分市價上升的利潤，沽空價外認購期權以收取期權金，從而大致抵銷認沽期權的費用。換言之，投資者在進行「圍牆式」對沖策略時，實際上未有付出或收取期權金，但若市價跌低於認沽期權的行使價時，「圍牆式」策略便對投資者起了對沖作現貨價下跌的作用。當然，若市價上升超越了認購期權的行使價，投資者所持倉盤便失去進一步獲利的機會。

換句話說，在認沽期權的行使價與認購期權的行使價之間，投資者的盈虧與未對沖大致一樣，但超出上述範圍後，「圍牆式」策略便起對沖的作用。

不過，「圍牆式」對沖策略並非一種完全的對沖策略，至少在兩個行使價之間，市場的風險及回報皆由投資者自負，其盈虧情況便成為一個看好的跨價認購期權組合（Bull Call Spread）。

最重要的一種對沖策略，就是稱為「的打」中性（Delta-Neutral）的對沖策略，意思即無論市價上升或下跌，對於所持有的對沖後倉盤的價值都不會引起大幅的改變。

簡單來說，若投資者已持有 1 張恒指期貨合約，若希望以認沽期權作對沖 當時平價認沽期權的 Delta 值為 0.5，則投資者便需要買入 2 張平價認沽期權，以對沖 1 張恒指期貨合約。方法上，這種中性的對沖策略是將所持有有方向性的倉盤，改變而成為無方向性的倉盤，例如改變而成馬鞍式或勒束式的倉盤，但必須對於引伸波幅的升跌方向作出取捨。主要而言，方向中性的對沖策略可分為四種：

(1) 若投資者已買入一手現貨或期貨，並預期引伸波幅率會上升，投資者的對沖策略是買入兩手平價認沽期權。其中一手認沽期權是將已持有的現貨或期貨改變而成一手合成認購期權，與另一手認沽期權結合而成一套買入馬鞍式期權組合。對於此組合，市價無論升跌都對組合價值有利，而引伸波幅率上升，亦使組合的價值增加。

(2) 若投資者已沽空一手現貨或期貨，並預期波幅率上升，則對沖方法是買入兩手平價認購期權，將之改變而成買入馬鞍式組合。

(3) 若投資者已買入一手現貨或期貨，並預期波幅率下跌，則對沖方法是沽空兩手平價認購期權，以改變成沽空馬鞍式組合。此方法中，市價輕微上落對持倉價值影響不大，但波幅率下跌則使組合獲利。

(4) 若投資者已沽空一手現貨或期貨，並預期波幅率下跌，
　　可沽空兩手平價認沽期權作對沖。

期權對沖策略除了可以應用在現貨與期貨的合約外，期權對
沖策略亦可應用在期權持倉，包括：

(i) 若持有認購期權，並預期引伸波幅率上升，可買入一手
　　認沽期權作對沖；

(ii) 若持有認沽期權，並預期引伸波幅率上升，可買入一手
　　認購期權作對沖；

(iii)若已沽空認購期權，並預期引伸波幅率下跌，可沽空一
　　手認沽期權作對沖；

(iv)若已沽空認沽期權，並預期引伸波幅率下跌，可沽空一
　　手認購期權作對沖。

上述四種策略是以期權持倉看對了引伸波幅率走勢為主，
不過，若投資者所持期權倉看錯波幅率後向，可作何種對沖方式
呢？投資者可採用跨期買賣對沖方式（Time Spread）。

(5) 若已持有認購期權，但預期引伸波幅率下跌，可沽空遠
　　期認購期權，以合成「沽空跨期認購期權組合」（Short
　　Time Call Spread）。

(6) 若已持有認沽期權，但認為引伸波幅率會下跌，可沽空
　　遠期認沽期權，以合成「沽空跨期認沽期權組合」（Short
　　Time Put Spread）。

(7) 若已沽空認購期權，但預期引伸波幅率上升，可買入遠
　　期認購期權，以合成「買入跨期認購期權組合」（Long
　　Time Call Spread）。

(8) 若已沽空認沽期權，但預期引伸波幅率上升，可買入遠期認沽期權，以合成「買入跨期認沽期權組合」（Long Time Put Spread）作對沖。

對於方向中性的期權對沖策略，事實上並不局限於馬鞍式或勒束式等期權組合方式，上述對沖方式亦存在一定的風險，主要的風險是：若市價以極快的速度運行單邊市，則對於沽空面向性跨價組合（Short Front Spread）的投資者而言，將產生甚大的風險，因為市價無論大幅上升或下跌，都令所沽空的倉盤產生虧損，以更技術性的名詞來說，方向中性的特性受到了破壞。

對於這種風險，投資者可以每日重新平衡其所持倉盤，或乾脆將所持倉盤改變而成以下幾種期權組合：

(1) 蝴蝶式組合：買入蝴蝶式組合，即沽空平價馬鞍式組合，同時買入勒束式期權組合。

(2) 買入飛鷹式組合：即沽空勒束式組合，並同時買入更價外的勒束式組合。

上面的對沖方法是從期權組合的層面去看風險，事實上，我們有更精確的數學模式去看期權的風險管理，以下部分將詳作交代。

期權的風險管理

在第二章中，筆者曾簡單介紹過期權價值會受到不同因素所影響，包括：市場風險、波幅風險、時間風險及持倉成本風險等因素，若我們能夠對這些風險的影響有所計算，對於我們的期權買賣將甚有裨益。尤有進者，我們可以對不同風險作出預先的部署及安排對沖，以減低我們投資期權的風險。

在上一章我們所提及的布力克‧索爾斯期權定價模式中，其實已引伸出五個風險計算公式，以衡量期權受到市價、時間、波幅及利率的影響，這些風險指標我們稱為期權的衍生比率（Options Derivatives）。

根據布力克‧索爾斯期權定價模式，歐式股票期權的風險主要有五種。

Delta

Delta（△）是量度市價每日升跌一個單位對期權金的影響。Delta 亦即對沖比率（Hedge Ratio）。

其公式是：

Call Delta = $N(d_1)$ > 0

Put Delta = $N(d_1) - 1 < 0$

實例：

若目前認購期權 Delta 為 0.3，則表示正股每升 1 元，認購期權金會上升 0.3 元。

(1) 期權的槓桿率

Lambda 所量度的期權風險大致上與 Delta 一樣，不過 Lambda 所量度的是指定資產每升跌百分之一對期權金的百分比的影響。換言之，Lambda 是量度期權的槓桿率（Gearing）。

Lambda（∧）的公式是：

Call Lambda = $(\frac{S}{C}) N(d_1)$

Put Lambda = $(\frac{S}{C}) [N(d_1-1)]$

(2) Delta 的風險

Gamma(r) 所量度的是市價每升跌一個單位對期權的 Delta 的影響。

其公式是：

$$Gamme = \frac{N'(d_1)}{SV\sqrt{t}} > 0$$

(3) 時間的風險

Theta 所量度的是時間每過一單位對期權金的影響。

其公式是：

Call Theta = $[SVN'(d_1)/2\sqrt{t}]$ - $[rKe^{-rt}N(d_2)]$

Put Theta = $[SVN'(d_1)/2\sqrt{t}]$ + $[rKe^{-rt}(d_2)]$

由於在期權定價公式中，時間的單位 t 為年，因此，每日的 Theta 應除以 365 天。

(4) 波幅的風險

Vega 或稱為 Kappa 是量度波幅率 (Volatility) 每升跌 1% 對於期權金的影響。

其公式是：

Vega = $S\sqrt{t}N'(d_1)$

(5) 利率的風險

Rho 所量度的是市場利率每升跌 1% 對於期權金的影響：

其公式是：

Call Rho = $tKe^{-rt}N(d_2)$

Put Rho = $tKe^{-rt}N(-d_2)$

布力克模式的風險比率

期貨的期權（布力克模式）的風險衍生比率公式如下：

認購期權 Delta $= e^{-rt}N(d_1)$

認沽期權 Delta $= -e^{-rt}N(-d_1)$

認購/認沽期權 Gamma $= \dfrac{e^{-rt}N'(d_1)}{FV\sqrt{t}}$

認購期權 Theta $= -e^{-rt}rFN(d_1) + e^{-rt}rEN(d_2) + e^{-rt}\dfrac{VF}{2\sqrt{t}}N'(d_1)$

認沽期權 Theta $= -e^{-rt}rFN(-d_1) + e^{-rt}rEN(-d_2) + e^{-rt}\dfrac{VF}{2\sqrt{t}}N'(-d_1)$

認購/認沽期權 Vega $= e^{-rt}\sqrt{t}\,FN'(d_1)$

認購期權 Rho $= -tC$

認沽期權 Rho $= -tP$

其中：

F $=$ 期貨價

E $=$ 行使價

C $=$ 認購期權

P $=$ 認沽期權

t $=$ 時間（年）

r $=$ 無風險利率

V $=$ 波幅率

$N'(d)$ $= \dfrac{1}{\sqrt{2\pi}}\,e^{-\frac{d^2}{2}}$

d_1 $= \dfrac{\ln(F/E) + 0.5V^2 t}{V\sqrt{t}}$

d_2 $= d_1 - V\sqrt{t}$

上面的公式，為我們計算各種因素變化對於期權金的影響。不過，讀者必須留意，上面的風險指標是動態變化的，往往會根據市價的升跌、波幅率及時間的因素轉變，因此，投資者必須對於上述風險比率有更為動態的了解，以下筆者會簡單介紹不同因素變化對於風險指標的影響。

Delta 的特性

市價對 Delta 的影響

對於認購期權，Delta 值是由 0 至 1，換言之，期權的對沖比率最大是 1，最細是 0。

一般而言，等價認購期權 (ATM) 的 Delta 接近 0.5，價外認購期權 (OTM) 的 Delta 低於 0.5，而價內認購期權 (ITM) 的 Delta 高於 0.5。認購期權愈為價外 (Deeply Out-of-the-Money)，Delta 愈接近 0；相反，認購期權愈為價內 (Deeply In-the-Money)，其 Delta 值會愈接近 1。

因此，認購期權的 Delta 值與市價的圖表上呈現一個傾斜的「S」型。換言之，當認購期權由價外變為價內時，Delta 值上升速度最快。(見圖 7.1)

至於認沽期權，Delta 值的形態大致與認購期權一樣，但幅度則為 -1 至 0。

一般而言，等價認沽期權 (ATM) 的 Delta 處於 -0.5，價外認沽期權 (OTM) 的 Delta 處於 -0.5 至 0，而價內認沽期權 (ITM) 的 Delta 處於 -1 至 -0.5。因此，極價外認沽期權的 Delta 接近 0；而極價內認沽期權的 Delta 愈接近 -1。在圖表上，Delta 值與市價的關係呈現傾斜「S」型。此外，當認沽期權由價外變為價內時，Delta 值下跌的速度最快。

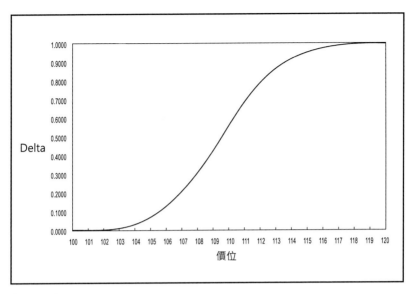

圖7.1 Delta

Delta 值與波幅率

波幅率 (Volatility) 是計算市場的風險，市場風險愈大，認購及認沽期權金的價值愈高。

對於價外的認購期權來説，由於波幅率上升，價外變為價內的機會亦增加，因此，價外認購期權的 Delta 值亦告上揚。

對於價內的認購期權來説，由於波幅率上升，價內的期權變為價外的機會亦相對增加。因此，波幅率上升，價內認購期權的 Delta 值便下降。

至於等價認購期權，由於變為價外或價內的機會均等，因此亦十分接近 0.5。不過，當波幅率高企，期權由價外變為價內的 Delta 值上升的速度便沒有低波幅率時那麼快。

有關波幅率對 Delta 的影響，可見圖 7.2。

認沽期權的情況與上述大致一樣。

191

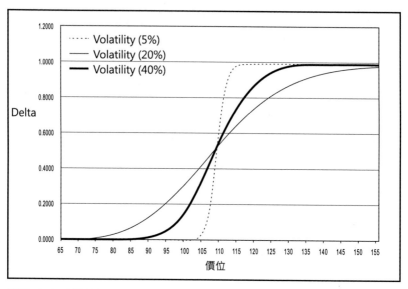

圖7.2 Delta與波幅率

Delta 值與時間損耗

在期權未到期前，價內期權 (ITM) 的 Delta 值高於等價期權 (ATM)，而等價期權的 Delta 值又高於價外期權 (OTM)。

期權離到期的時間愈長，上述三種期權的 Delta 愈接近；相反，期權離到期的時間愈近，上述三種期權的 Delta 值差距便會愈來愈大。

對於價外期權，離到期日的時間愈短，其變為價內的機會便愈來愈細，因此，期權的 Delta 值亦愈趨下跌，直至到期日 Delta 值變為 0 為止。換言之，價外期權愈接近到期日，期權金的上升速度會愈慢，期權賺錢的機會便會愈來愈細。

對於等價期權，離到期日的時間愈長，由於有利率的因素，Delta 會略高於 0.5，不過，期權愈接近到期日，Delta 值便會愈接近 0.5。換言之，等價期權愈接近到期日，期權金的上升速度會略為轉慢，Delta 值會稍為下跌。

對於價內期權，離到期日的時間愈短，期權維持在價內的機會便愈大，由於期權的內在值愈來愈似期貨合約，因此，Delta值亦見上升。因此，到期日愈短，Delta值便愈高，直至到期日到達時，Delta值變為1。

有關Delta值與到期日前時間的變化見圖7.3。

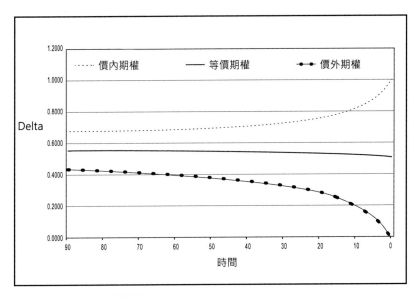

圖7.3 Delta在到期日前變化

其實，Delta可看成是投資槓桿度的「自動波」，因為在買入認購期權後，市價若上升，Delta會跟隨增加，換言之，槓桿度增加；相反，若市價下跌，對投資不利，Delta會自動下跌，換言之，槓桿度減少。這種情況就好像升市時加碼，跌市時減碼一樣。

Gamma 的特性

市價對 Gamma 值的影響

Gamma 是量度 Delta 值的變化速度，數學上亦可說是量度 Delta 的斜度。一般而言，等價期權的 Delta 值變化最大，斜度最高，因此，Gamma 值亦最高。價外及價內期權由於 Delta 值的變化較慢，斜度較低，因此，Gamma 值亦較低。至於極價外或價內的期權，由於 Delta 值的變化很細，Gamma 值亦接近 0。（見圖 7.4）

此外，要注意認沽期權與認購期權的 Gamma 同為正數。

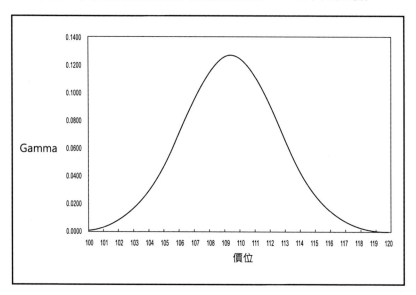

圖7.4 Gamma

波幅率對 Gamma 值的影響

波幅率 (Volatility) 若上升，價外及價內期權的 Gamma 上升的幅度會較等價期權 Gamma 的上升幅度為高。（見圖 7.5）

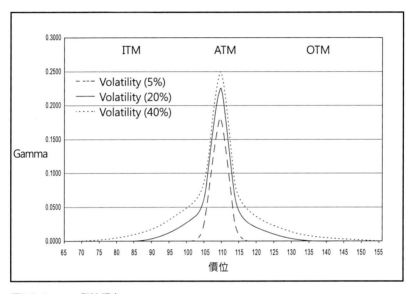

圖7.5 Gamma與波幅率

Gamma 值與時間的損耗

當期權愈趨接近到期日，等價期權的 Gamma 將會增加，而且，Gamma 的上升速度會愈來愈快，反映出等價期權的風險亦愈高。

至於價外及價內期權，Delta 的變化愈來愈慢，因此，Gamma 值會愈趨下跌，至到期日下跌至 0 為止。（見圖 7.6）

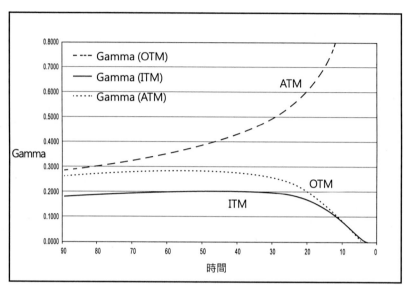

圖7.6 Gamma在到期日前變化

Vega 的特性

一般而言，等價期權的 Vega 值最高，而價外及價內期權的 Vega 值會較低；極價外或價內期權的 Vega 值會接近 0。

此種現象背後的原因是：

(1) 波幅率愈高，等價期權變成有內在值的價內期權的機會便愈高，因此，等價期權的期權金對於波幅率的敏感度便較高。

(2) 波幅率高企對於價內期權變成價外，或價外期權變成價內的即時影響較低，因此，價內及價外期權的期權金對於波幅率的敏感度較低。（見圖 7.7）

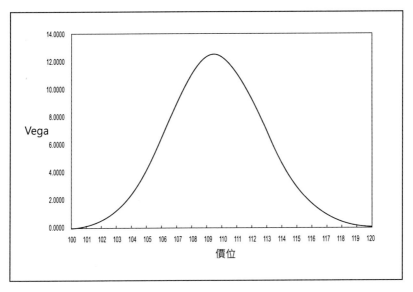

圖7.7 Vega

Theta 的特性

　　期權是一種會自動損耗的資產（Wasting Asset），其時間值會不斷損耗。

　　圖 7.8 是三個月平價馬克認購期權的期權金變化圖。若市價及波幅率等其他因素一概不變，期權金會因為每日的時間過去而下跌，直至到期日期權金會下跌至 0。

　　此外，當期權愈接近到期日，期權金每日下跌的幅度會愈大。圖 7.9 是三個月平價馬克認購期權每日時間值損耗圖。

　　事實上，不同性質的期權，其時間值損耗（Theta）亦有不同的程度。

　　一般來說，極價外期權的時間值損耗最少，價外期權的時間值損耗會較極價外期權為多，而損耗最大的是等價期權。至於價內期權的 Theta 值會較等價的 Theta 為細，而極價內期權的 Theta 會平穩在某水平。

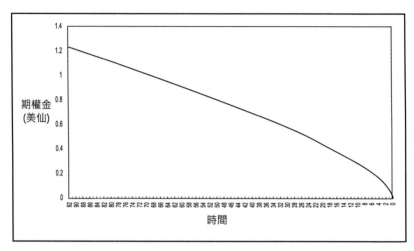

圖7.8 三個月平價馬克認購期權

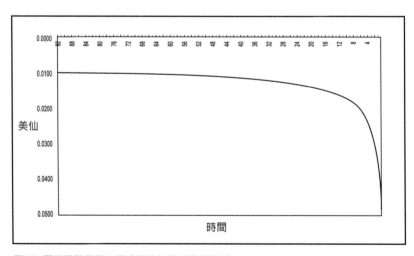

圖7.9 三個月平價馬克認購期權每日時間值損耗

上面現象的原因是：

(1) 等價期權每接近到期日多一天，期權失去價值的機會
便增加，而等價期權的 Theta 高於價外及價內期權的
Theta，原因是價外及價內的內在值所受的影響並不即時
受到少了一天所打擊，而時間對於等價期權的價值打擊
最大。

(2) 至於極價內期權的 Theta 相對平穩，這是因為在到期日
該期權維持有內在值的機會甚大，因此，時間對於極價
內期權的影響僅為利息的因素而已。

圖 7.10 顯示 Theta 與不同市價的關係。

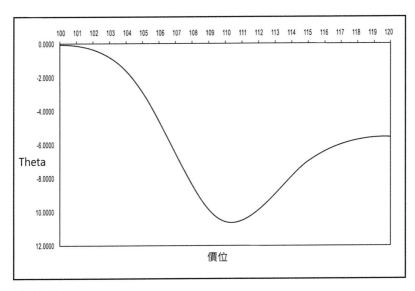

圖7.10 Theta

Rho 的特性

Rho 是量度無風險利率每升跌 1% 對期權金的影響。

對於極價外期權，Rho 值接近 0，而價外期權會較極價外期權為高。

此外，等價期權的 Rho 值會高於價外期權；價內期權的 Rho 值又會高於等價期權。至於極價內期權，其 Rho 值將會平穩起來，以反映利息的影響。

以圖表來看，Rho 值與市價的關係乃呈現傾斜的「S」型。（見圖 7.11）

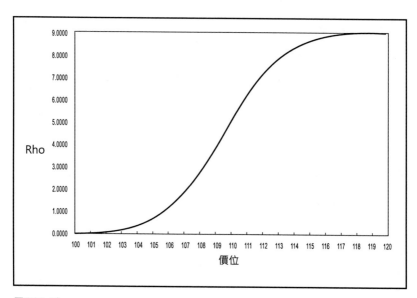

圖7.11 Rho

期權風險管理實例

應用上面的風險比率公式，我們可以為我們的期權持倉作出不同程度的對沖，以控制風險。

以下筆者簡單介紹對於期權風險管理及對沖的方法與實例。

期權風險管理及對沖策略

Delta 對沖策略

A. 假設現已持有股票 A，其資料如下：

- 股票現價 $50
- 共持有 20 手
- 每手為 1,000 股
- 股票 A 倉盤總值為 $1,000,000

(1) 以認沽期權作對沖

現有以下三種認沽期權作選擇：

性質	行使值	認沽期權金	Delta
價外	46	3.47	-0.41
等價	50	5.14	-0.495
價內	55	8.26	-0.62

- 若以價外認沽期權作對沖，所需買入的行使價 46 元股票 A 認沽期權是：

$$Hp = 20 \div 0.41 = 48.78 \fallingdotseq 49$$

- 若以等價認沽期權作對沖，所需買入的行使價 50 元股票 A 認沽期權是：

$$Hp = 20 \div 0.495 = 40.40 \fallingdotseq 40$$

- 若以價內認沽期權作對沖，所需買入的行使價 55 元股票 A 認沽期權是：

$$Hp = 20 \div 0.62 = 32.26 \fallingdotseq 32$$

到結算日，股價收 $40，以下是三種對沖策略的結果：

(i) 買入 46 元認沽期權

內 在 值 ：	($46 - $40) × 49	=	$294
期 權 金 ：	-3.47 x 49	=	- $170
期 權 賺 ：			+ $124
股 價 蝕 ：	($40 - $50) × 20	=	- $200
淨 蝕 ：			- $76
損失金額 ：	$76 x 1,000	=	$76,000

（註：上述是完全對沖，其中 $50 至 $46 是無對沖的。）

(ii) 買入 50 元認沽期權

內 在 值 ：	($50 - $40) × 40	=	$400
期 權 金 ：	-5.14 x 40	=	- $205.6
期 權 賺 ：			+ $194.4
股 價 蝕 ：	($40 - $50) × 20	=	- $200
淨 蝕 ：			- $5.6
損失金額 ：	$5.6 x 1,000	=	$5,600

(iii) 買入 55 元認沽期權

內 在 值 ：	($55 - $40) × 32	=	$480
期 權 金 ：	-8.26 × 32	=	- $264.32
期 權 賺 ：			+ $215.68
股 價 蝕 ：	($40 - $50) × 20	=	- $200
淨 蝕 ：			+ $15.68
損失金額 ：	$15.68 x 1,000	=	$15,680

上述例子顯示，Delta 對沖並非完全消除風險，由於 Delta 隨市價上落而變化，因此，投資者必須經常重新平衡 Delta，直至結算為止，否則只做一次 Delta 對沖的倉盤，最後的賺蝕仍必須視乎結算價的水平。

(2) 以認購期權作對沖

現有以下三種認購期權作選擇：

性質	行使值	認購期權金	Delta
價外	46	8.54	+0.62
等價	50	6.43	+0.5020
價內	55	4.39	+0.42

(i) 若以價外認購期權作對沖，所需沽空的行使價 55 元股票 A 認購期權是：

$$Hc = 20 \div 0.42 = 47.62 \fallingdotseq 48$$

(ii) 若以等價認購期權作對沖，所需沽空的行使價 50 元股票 A 認購期權是：

$$Hc = 20 \div 0.5020 = 39.8 \fallingdotseq 40$$

(iii) 若以價內認購期權作對沖，所需沽空的行使價 46 元股價 A 認購期權是：

$$Hc = 20 \div 0.62 = 32.25 \fallingdotseq 32$$

上面的 Delta 對沖亦必須經常進行。此外，選擇以買入認沽期權或沽空認購期權作對沖，要視乎投資者預期波幅率上升或下跌以作決定。

若預期波幅率上升，則以買入認沽期權的對沖有利，面對沽空認購期權的對沖不利。

若預期波幅率不變或下跌，則以沽空認購期權的對沖最有利，因為無論波幅率及時間值都有利。

B. 假設現已持有股票 A 的期權組合，其資料如下：

- 15 手行使價 40 元認購期權
- 沽空 30 手行使價 55 元認沽期權
- 沽空 20 手行使價 50 元認購期權

期權的 Delta 如下：

期權	行使價	Delta
15 手　價內認購	40 元	0.75
20 手　等價認購	50 元	0.5020
30 手　價外認沽	55 元	-0.620

期權組合總 Delta：

D. = (15 × 0.75) + (20 × 0.502) + (30 × -0.62)

    = 11.25 + 10.04 - 18.6

    = +2.69

    ≒ +3

在上述情況，投資者可拋空 3 手股票 A 以作 Delta 對沖。

Gamma 對沖策略

即使投資者已為所持期權組合的倉盤作 Delta 對沖，但由於市價的上落，期權組合中的 Delta 亦會出現變化，故此，投資者必須經常性作 Delta 的平衡。不過，如果 Delta 的變化太快，Delta 的再平衡便未必能夠及時進行，所持期權組合便有可能出現風險。

對於 Delta 的變化太快,在期權用語是稱為太大的 Gamma。Gamma 是量度指定資產價格每升一個單位,Delta 上升或下跌的幅度。

由上面可見,投資者若希望對市價上落作完全的對沖,便必須為期權倉盤先作 Delta 對沖,再作 Gamma 對沖。

以下是 Gamma 及 Delta 對沖的例子。

現時指數期貨報 10,000,假設投資者現持有 1,000 張指數認購期權,行使價 10,000,10 天後到期,而現時的 Delta 是 0.5125,每升跌 100 點的 Gamma 是 0.0601。

上述 Delta,及 Gamma 的風險是:

D = 0.5125 × 1,000 = 512.5

G = 0.0601 × 1,000 = 60.1

除此之外,投資者亦沽空了 3,000 張指數認沽期權,行使價 9,600,亦尚有 10 天到期,而現時的 Delta 是 0.2554,每升跌 100 點的 Gamma 是 0.0487。

對於沽空期權的倉盤,Delta 及 Gamma 的風險是:

D = 0.2554 × 3,000 = 766.2

G = 0.0487 × 3,000 = 146.1

總的來説,期權組合的:

Delta = 512.5 + 766.2

  = 1278.7

Gamma = 60.1 + 146.1

  = 206.20

投資者目前希望作 Delta 及 Gamma 的對沖,而他知道市場行使價 9,800 的指數認購期權正報出偏高的買入及賣出價,該期權的 Delta 是 0.6315,Gamma 是 0.0568。

投資者可以沽空行使價 9,800 的指數認購期權以作 Gamma 的對沖,數量以下面公式計算:

$$N = \frac{G_p}{G_c} = \frac{206.20}{0.0568} = 3630.28 \doteqdot 3630$$

沽空 3,630 張行使價 9,800 認購期權,連帶整個組合的 Delta 亦受到影響,Delta 下跌的幅度如下:

D = -0.6315 x 3630 = -2292.35

整個組合的 Delta 則變成:

Delta = 1278.7 - 2292.35

    = -1013.35

由於投資者希望亦作 Delta 的對沖,因此,他必須買入 1,013 張指數期貨以平衡 Delta(買入期貨的 Delta 等於 1,而 Gamma 等於 0)。

Vega 對沖策略

上面 Delta 對沖及 Gamma 對沖策略,可以確保在指數上落 100 點之內,期權倉的價值大致不受指數影響。不過,這並不表示期權倉可以獨立於波幅率上落。事實上,波幅率上升或下跌,對於 Delta 及 Gamma 對沖後的倉盤仍有一定的影響,是故,對某些投資者而言,Delta、Gamma 及 Vega 對沖是有需要的。

假設某市場莊家持有以下倉盤：

(1) 買入 1,000 張行使價 10,000 指數認購期權，Delta 是 0.5125，每升跌 100 點的 Gamma 是 0.0601，Vega 是 6.5910。

(2) 沽空 3,000 張行使價 9,600 指數認沽期權，Delta 是 0.2554，每升跌 100 點的 Gamma 是 0.0487，Vega 是 5.3401。

整個組合的風險指標是：

Delta　：512.5 + 766.35　 = 1278.70

Gamma ：60.1 + 146.1　　 = 206.20

Vega　 ：6591 + 16020.3　 = 22611.3

以下先平衡 Gamma 及 Vega，由於涉及兩種風險指標，理論上亦應以兩種期權作對沖。目前，市場上有兩種期權可考慮用作對沖用途：

(1) 行使價 9,800 指數認購期權，Delta 是 0.6315，Gamma 是 0.0568，Vega 是 6.2280。

(2) 行使價 10,200 指數認購期權，Delta 是 0.3946，Gamma 是 0.0581，Vega 是 6.3654。

假設目前買賣數量 N_1 的 9,800 認購期權及買賣數量 N_2 的 10,200 認購期權即可對沖原有組合的 Gamma 及 Vega，其公式如下：

Gamma 方面：

$$-206.20 = 0.0568\ N_1 + 0.0581\ N_2$$

Vega 方面：

$$-22611.3 = 6.2280\ N_1 + 6.3654\ N_2$$

根據上面公式：

$$N_2 = \frac{-22611.3 - 6.2280\ N_1}{6.3654}$$

$$N_2 = -3552.22 - 0.9784\ N_1$$

代入第一條公式：

$$-206.20 = 0.0568N_1 + 0.0581(-3552.22 - 0.9784\,N_1)$$

$$= 0.0568N_1 - 206.38 - 0.05685\,N_1$$

$$0.05685\,N_1 + 0.0568\,N_1 = -206.38 + 206.20$$

$$0.00005\,N_1 = -0.18$$

$$N_1 = -3600$$

$$N_2 = -3552.22 - 0.9784\,(-3600)$$

$$N_2 = -30$$

從上面的數字，市場莊家只要在市場沽空 3,600 張行使價 9,800 認購期權，及沽空 30 張行使價 10,200 認購期權，即可達致 Gamma 及 Vega 的對沖。

經上面的對沖後，Delta 下跌的幅度如下：

$$D = 0.6315\,N_1 + 0.3946\,N_2$$

$$= 0.6135\,(-3600) + 0.3946\,(-30)$$

$$= -2273.4 - 11.838$$

$$= -2285.24$$

連同原先組合的 Delta = 1278.70，目前需要對沖的總 Delta 是：

$$Delta = 1278.70 - 2285.24$$

$$= -1006.54$$

由於指數期貨的 Delta 是 1，Gamma 及 Vega 是 0，因此可買入 1,007 張指數期貨以作 Delta 的對沖，而又不影響 Gamma 及 Vega 的平衡。

此外，若 Delta、Gamma 及 Vega 接近 0，Theta 理論上應接近無風險利率，因此毋須作對沖。

第八章

期權攻略研究（一）

在釐定期權策略上，技術分析其實扮演著極之重要的角色，因為圖表上的分析，有助投資者準確選擇期權的行使價，至於關係時間掌握的到期日選擇，更需要技術分析的幫助。

期權與技術分折

在本章中，筆者希望應用實際的市場數據，配合技術分析，為讀者介紹各種期權買賣策略的應用，以圖使讀者對實際期權市場的運作有更清楚的認識。

在本章中，筆者選用某貨幣期權產品的實際市況作為例子，以闡釋期權的應用。事實上，在期權的運用上，無論是股票期權、指數期權，抑或外滙期權，在策略上都同樣適用。

如何在十一天內獲利六倍？

在 7 月份，現貨展開升勢，以期貨計算，由 5 月 28 日低位 64.63 上升至 7 月 16 日高位 68.40，升幅達 5.83%。

事實上，由 5 月尾至 7 月初，市場情緒仍然頗為看淡，6 月 7 日至 7 月 12 日六個星期的好友指數如下：34%、42%、54%、49%、47%、30%。

從波浪形態來看，現貨在 7 月中展現大升市，應屬意料中事，問題只屬如何捕捉這次上升的利潤而已。

由圖 8.1 可見，期貨在 7 月 5 日已經完成了 1、2、(i)、(ii)、i、ii 的波浪形態，強勁的 3 浪中的 (iii) 浪的 iii 浪正一觸即發。

如果你有正確的數浪式，預期 (iii) 浪可升至 (i) 浪的 1.618 倍，目標 0.68，並在 7 月 5 日買入 8 月 9 日到期行使價 67.00 的認購期權，則你可能在 11 天內獲取高達 6.06 倍的利潤。該期權在 7 月 5 日收 0.16，當 7 月 16 日期貨到達 1.618 倍量度目標 68.00 時，該期權報 1.13。

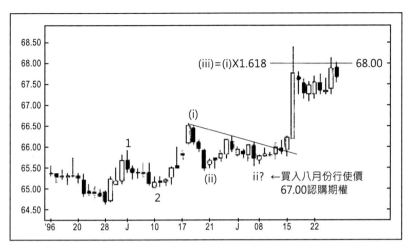

圖8.1　期貨走勢圖

　　買入認購期權可獲利高達 6.06 倍。事實上，買入期權的好
處是，投資者極其量只損失期權金，但回報則可以是極大，因此，
如果你能夠掌握技術分析的方法，輔以期權以小博大，理論上投
資回報可以極大。

　　當然，上述是最理想的假設。事實上，真正影響我們投資成
敗者，往往是我們的心理障礙，難定市場方向。就以 7 月初的走
勢而論，直到 7 月 5 日大升之前，好友指數仍顯示只有三成投資
者看好。應用 7 月初期貨的例子，有以下觀察：

(1) 期貨在 5 月 28 日 64.63 開始出現反彈，至 6 月 18 日高見
　　66.55，波浪形態上可以有兩種數浪式：

　　a) 可能開始 1、2、(i)、(ii) 形式的上升，(iii) 浪可上試
　　　　68.00，即 (i) 浪的 1.618 倍目標；

　　b) 可能只屬 abc 三個浪反彈，之後將再創新低，下試
　　　　63.50，即 abc 浪的 1.618 倍下跌目標。

(2) 期貨自 6 月 18 日即出現近三星期的牛皮上落市，波幅率
（Volatility）下跌至一年來低位，而形態上則呈現三角形
形態。期權策略如何可以獲利呢？（見圖 8.2）

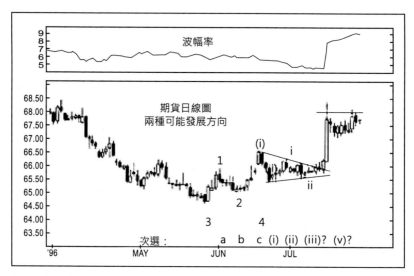

圖8.2 期貨與歷史波幅率

　　期貨在 7 月初有兩個可能的後市發展方向，一或上升至
68.00，一或下跌至 63.50。此外，由於期貨已在三角形態內運行
三周，加上波幅率下跌至一年來的低位，因此一旦出現突破，市
勢將會出現大單邊市勢，期貨價在短時間內應有極快波動。

　　在這種市勢下，期權的投資者可考慮買入一套馬鞍式
（Straddle）的期權策略。

　　所謂馬鞍式策略，就是在同一行使價同時買入一張認購期權
及一張認沽期權。只要市況向任何一邊運行，其中一種期權將會
獲得大量的利潤，而另一種期權則會報廢，但充其量只會損失期
權金而已。

　　以實際市況及金額來看，期貨在7月5日收市報65.71。
由於預期7月尾前期貨可能見63.50或68.00，中間位將在
66.25；此外，7月5日收市在65.71左右，因此行使價選擇
66.00應較平衡。

　　7月5日，8月9日到期的行使價66.00的認購期權收報
0.45，而66.00行使價的認沽期權收市報0.74。整套馬鞍式策略
共需1.19期權金。至7月16日期貨高見68.40，到達預期目標
68.00，8月份行使價66.00的認購期權上升至1.96，而認沽期
權失去大部分價值，換言之，馬鞍式策略獲利64.7%。(見圖8.3)

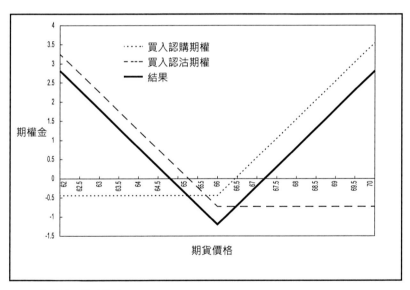

圖8.3 期權的馬鞍式策略

馬鞍式期權策略有利有弊

對於此種策略，我們可以歸納出三個重點：

(1) 馬鞍式期權金的支出較大，因此，即使策略有利可圖，其槓桿度必然較單頭買入認購或認沽期權的獲利率為低，唯一好處是，無論市況上升或下跌，只要市勢有足夠的幅度，均有利可圖。

(2) 馬鞍式期權策略真正成為利潤的時間較長，因為由於有認購及認沽期權兩種期權金的支出，市價必須補回兩種期權金，之後的幅度才算真正的利潤。

以上述期貨作為例子，由於整套馬鞍式期權策略共需 1.19，因此，期貨價必須升越行使價 66.00，超過 1.19 才有利可圖，換言之，打和點在 67.19。相反，若純粹單頭買入行使價 66.00 的 8 月份認購期權，期權金 0.45，則打和點在 66.45，比馬鞍式策略較早獲利。

(3) 投資者運用馬鞍式期權策略假設市況快將見大突破，否則，若市況仍然維持在窄幅之內的話，期權金很快便會損失掉，此點投資者要特別留意。

此外，除非在結算前，期貨下跌至 64.81，或上升至 67.19 之外，策略才真正有利可圖。

馬鞍式期權策略有利有弊，利者是即使投資者未明市勢方向，但若相信市勢將出現單邊市，投資者即可利用馬鞍式期權策略，用以捕捉市場的利潤。

在應用馬鞍式期權策略時，投資者最好能夠配合圖表分析，以作為入市的根據，因為當市場到達重要的轉捩點時，馬鞍式期權策略經常可以為我們帶來本小利大的獲利機會。

一般而言，買入馬鞍式的期權策略可在以下處境中進行：

(1) 價位圖表形態處於一至兩個月的對稱三角形形態的三分之二之外，換言之，價位即見突破。

(2) 價位於圖表形態正處於頭肩頂或頭肩底的頸線水平上，瀕臨突破頸線之前。

以波浪理論來說，買入馬鞍式期權策略應在以下兩階段進行：

(1) 五個推動浪中的第 2 浪調整的尾聲。

(2) 五個推動浪中的第 4 浪調整的尾聲。

總而言之，買入馬鞍式的期權策略應在市勢久經整固，並行將突破時進行。

單頭買入期權及買入馬鞍式期權的兩種策略，前者是對市勢方向充滿信心的投資者的工具，而後者是對市勢不明好淡，但肯定認為市勢即將大變並形成單邊市的投資者的入市工具。但假如你對市勢方向不明，亦認為市勢未必出現大變，但認為如果單邊市真的出現的話，幅度可以十分厲害，那麼應該如何部署呢？

筆者的意見是，如果你是消極的投資者，當然是隔岸觀火，袖手旁觀，省回經紀佣金。但如果你是進取的投資者，認為市勢一旦出現，幅度將會十分大，則可以考慮買入一套勒束式 (Strangle) 的期權策略，它與馬鞍式期權策略大同小異，唯一不同者是投資者並非買入相同行使價的期權，而是同時買入較高行使價的認購期權及買入較低行使價的認沽期權。

這種期權策略有利有弊，利者是投資者可以付出較低的期權金（由於兩種期權將會是價外期權，期權金比價內或現價者為低）。

但不利者是期權策略的打和點會較遠，若市場在到期前仍處於牛皮悶局或波幅不夠的話，整套期權策略的期權金可能會損失掉。

馬鞍式與勒束式策略比較

對於馬鞍式期權策略及勒束式期權策略兩者之間何者較佳，主要分別有以下兩點：

(1) 馬鞍式期權策略主要的優點是較快到達打和點，換言之，策略招致損失的機會較低。

馬鞍式期權策略到達打和點較慢，因此適合較長線的買賣策略。

(2) 馬鞍式策略所牽涉的期權金費用頗大，包括兩張等價期權，因此，馬鞍式策略的槓桿度較細，難與單頭買入期權的幅度比較。

勒束式期權所牽涉的期權金費用較少，包括價外期權，因此，若市況發展成大單邊市，勒束式策略的槓桿度將較大。

對於上面兩種策略，其共通點是兩者都對時間及波幅率極為敏感，意思是，如果市場進入整固狀態，在窄幅內上落，一般而言，所買入的馬鞍式期權策略及勒束式期權策略的期權金均會逐日下跌，損失「時間值」，因此，對於買入此策略的投資者大為不妙。

相反而言，在預期市況進入整固狀況而沽空上述兩種策略則有獲利的機會。

勒束式期權 7 月賺 2.53 倍

在 7 月期貨的走勢裡面，我們可以用買入勒束式的期權作一比較。7 月 5 日，9 月期貨收市時報 65.71。投資者經過圖表分析，認為可能會出現突破性的單邊走勢，若下跌的話，可見 63.50，若上升的話，將可以用極快的速度上見 68.00。然而，投資者不太肯定市勢會否見突破，因此不願意付出太多期權金去捕捉這個可能出現的市況。

若投資者希望所買入的期權其中一邊可以得到約 100 點的價內值的話，他會選擇一套勒束式期權策略，即同時買入 8 月 9 日到期的：

(1) 行使價 64.50 認沽期權及

(2) 行使價 67.00 認購期權。

7 月 5 日 8 月份行使價 64.50 的認沽期權收市報 0.16，而 8 月份行使價 67.00 認購期權則報 0.16，整套策略共需付出 0.32（或 32 點）期權金，未計經紀佣金。若以合約數量每點 12.50 美元計，上述策略共需 400 美元。

當 7 月 16 日 9 月期貨價高見 68.40，到達預期上升目標 68.00 時，上述認沽期權報廢，而 8 月份行使價 67.00 的認購期權的收市價則上升至 1.13。換言之，整套勒束式期權策略由 32 點上升至 113 點，上升 2.53 倍。（見圖 8.4）

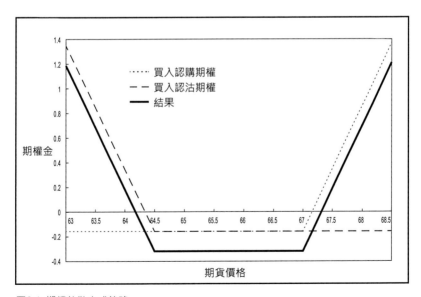

圖8.4 期權的勒束式策略

沽空馬鞍式期權策略

如果我們預期市況會進入牛皮整固的上落市之中，沽空馬鞍式期權或勒束式期權將可坐收期權金，亦是一種獲利的機會。

套用 7 月尾期貨的走勢來看，該期貨價 7 月 16 日高見 68.40，收市報 67.76。

投資者經過一晚的仔細分析，認為期貨已完成了浪中的 (iii) 浪的 iii 浪的上升，並開始進入 iv 浪的調整。估計 iv 浪調整完成後，會進入 v 浪上升，然後再作高一層次的 (iv) 浪調整，換言之，會有一段略為偏好的反覆上落市出現。(見圖 8.5)

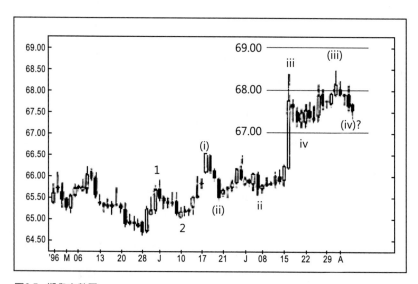

圖8.5　期貨走勢圖

投資者估計，期貨在 8 月初之前應該仍然維持在上下 100 點期貨價的幅度之內，若以當時收市價接近 68.00 計，上下的幅度應在 67.00 至 69.00 間上落。

若上面的估計正確，投資者沽空一套馬鞍式期權策略，即同時沽空一張認沽期權及認購期權，總共收取超過 100 點子的期權金，投資者便應該有利可圖。

最後，投資者選擇在 7 月 17 日收市時，同時沽空 8 月份（8 月 9 日到期）行使價 68.00 的認購期權及認沽期權，收市時分別報 0.50 及 0.89，每套策略收取共 1.39（或 139 點）。

7 月尾沽馬鞍式策略見回報

經過一番技術分析後，若投資者認為期貨應離不開 67.00 至 69.00 的上落區域，可考慮沽空行使價 68.00 的 8 月份認購及認沽期權，以 7 月 17 日收市價計，認購期權的期權金為 0.50，而認沽期權的期權金為 0.89，兩者合共 1.39。

事實上，期貨在 7 月 17 日至 8 月初，一直牛皮上落，上述兩種期權一直消耗著時間值。8 月份期權到期日在 8 月 9 日，而到結算前兩天（8 月 7 日），上述認購期權的期權金下跌至 0.04，而認沽期權的期權金則下跌至 0.51，整套馬鞍式期權組合共 0.55，較入市時的 1.39，下跌 0.84。

若以每點值 12.50 美元計算，沽空一套馬鞍式期權策略所賺的 84 點，價值 1,050 美元。

上述期權金由 7 月 17 日至 8 月 7 日的變化請參考圖 8.6。對於沽空馬鞍式期權組合，究竟應選擇沽空近期的月份還是較遠期的合約呢？以上例子，沽空 8 月份馬鞍式期權策略，期權金由 1.39 下跌至 0.55，獲利 0.84。若沽空 9 月份相同行使價的馬鞍式期權策略，7 月 17 日報 1.99，而 8 月 7 日收 1.25，獲利 0.74。換言之，應選擇近月份作沽空策略。

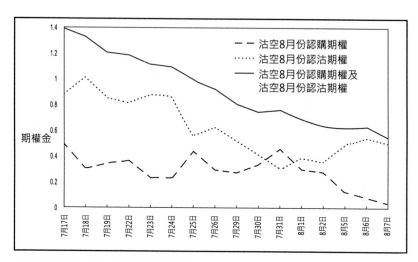

圖8.6 沽空行使價68.00馬鞍式期權組合

沽馬鞍式組合見豐收

8月9日是8月份期權的到期日，9月期貨收市報67.79。對於我們一直討論的沽空8月份行使價68.00馬鞍式期權策略來說，最後兩天的變化甚為值得討論

由於到期日出現反彈，十分接近上述策略的行使價68.00，因此，整套策略的期權金進一步急跌。對於所沽空的8月68.00認購期權，由於到期日9月期貨仍然未能到達行使價68.00之上，期權金下跌至零。另一方面，所沽空的8月68.00認沽期權則成為價內期權，由於時間值已完全消耗，期權金本身亦等如內在值，即68.00減67.79，等如0.21。換言之，到期日8月9日，上述馬鞍式期權組合共值0.21，比8月7日時的0.55，急跌34點，若以每點12.50美元計，約值425美元。

若以7月17日每套1.39開始沽空該組合，到期日收0.21每套應賺118點，以每點12.50美元計，每套可獲利1,475美元，收穫相當不俗。（見圖8.7）

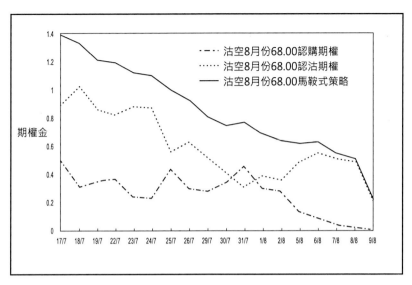

圖8.7 沽空8月份行使價68.00馬鞍式期權策略

　　若於上述同期沽空 9 月份馬鞍式組合，期權金由 1.99 下跌至 1.15，每套亦可獲利 0.84，若以每點 12.50 美元計，折合 1,050 美元。

沽馬鞍式組合的風險

　　對於沽空馬鞍式期權組合的策略，有下列幾點必須留意：

（1）若價位走出馬鞍式策略的既定範圍，市場的風險將如單頭買入或沽出期貨一樣，理論上可說是風險無限。不過，正如買賣現貨孖展及期貨一樣，馬鞍式策略一樣有控制風險的方法或止蝕的技巧。（見圖 8.8）

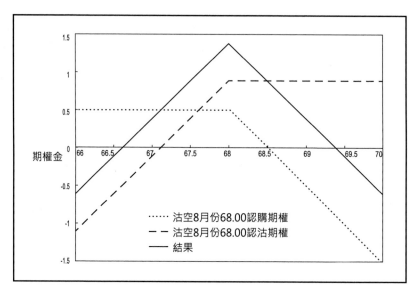

圖8.8 期權的馬鞍式策略

(2) 即使價位的走勢維持在馬鞍式策略的範圍之內，投資者亦必須注意波幅率 (Volatility) 的變化，若波幅率上升，無論認購或認沽的期權金一樣會上升，對於沽空馬鞍式組合的投資者會較為不利。故此，選擇波幅率較一年的平均數為高時行使沽空馬鞍式策略應較為有利。

(3) 利率的變化必須小心觀察。理論上，期權金的時間值仍取決於利率：利率上升，時間值亦上升；利率跌，時間值亦跌。故此，買入馬鞍式組合者希望利率上升，沽空馬鞍式組合者希望利率在期內下跌。上面的利率是指無風險利率 (Risk-free Rate)，一般以參考美國三個月國庫券息率 (3-month U.S. Treasury Bill Rate) 為準。

沽勒束式組合減風險

對於沽空馬鞍式期權組合的策略，筆者所應用的是沽空8月份行使價 68.00 的認購及認沽期權，若以筆者所引用例子而言，在 7 月 17 日沽空馬鞍式組合的期權金共收 1.39。換言之，當到期時，9 月期貨若能維持在以下的上下限之內，沽空馬鞍式策略將有利可圖：下限：68.00 - 1.39 = 66.61；上限：68.00 + 1.39 = 69.39。

對於馬鞍式，有投資者認為：

(1) 若沽空馬鞍式期權組合，期權金在行使價的水平時變化太大，特別是即將結算時，期貨價若大幅波動，可能令期權金大跌，見財化水。

(2) 馬鞍式策略所容許的市價波動範圍不夠闊，若市價超出預期地單邊發展，沽空策略可能招致損失。

對於上面兩點，投資者若希望期權金在預定的價格波動範圍內較為平穩，而容許的波動範圍較闊，並願意接受較低的回報，投資可考慮沽空勒束式期權組合。以前述例子，投資者可在 7 月 17 日同時沽空 8 月份行使價 67.00 認沽期權及沽空 8 月份行使價 69.00 認購期權，損益狀況可見圖 8.9。

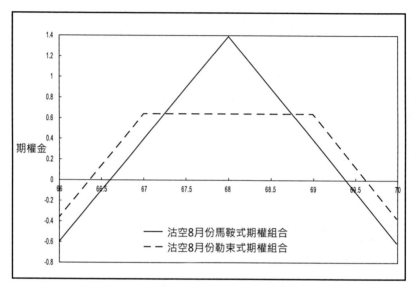

圖8.9 沽空馬鞍式與勒束式期權組合損益比較圖

沽空勒束式組合穩收利潤

如果投資者有信心市場價格在某個時間內，維持在某個特定價位區域內上落，並希望收取一個較為肯定的期權金，則沽空勒束式 (Strangle) 期權組合便可能是一個理想的買賣策略。

理論上，沽空勒束式組合較沽空馬鞍式策略容許價位的較大波動範圍。以上面所應用的例子來看，7月17日沽空馬鞍式及勒束式組合的打和點如下：

(1) 馬鞍式：沽空 8 月份行使價 68.00 的認購及認沽期權分別收 0.50 及 0.89，共 1.39，是故打和點為：下限：68.00 - 1.39 = 66.61；上限：68.00 + 1.39 = 69.39。換言之，期貨價超出上面上下限，策略將見損失。

(2) 勒束式：沽空 8 月份行使價 67.00 認沽期權及沽空 8 月份行使價 69.00 認購期權，共收期權金 0.40 及 0.23，合共 0.63，是故打和點在：下限 67.00 - 0.63 = 66.37；上限 69.00 + 0.63 = 69.63。

由圖 8.10 可見，沽空勒束式期權組合的好處是：

(i) 打和點的上下限較闊，

(ii) 只要期貨價在 67.00 至 69.00 之內，其期權金的內在值永遠為 0.63。

事實上，由 7 月 17 日的 0.63 起，到 8 月 9 日到期時，上述組合下跌至零，沽空勒束式期權組合者坐收 0.63。

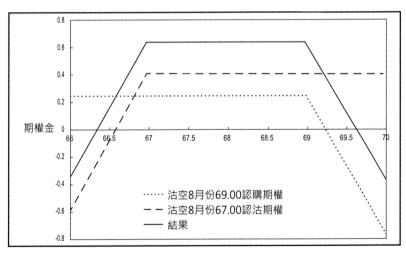

圖8.10 沽空期權的勒束式策略

如何提高勒束式組合收益？

對於沽空勒束式期權組合的投資者而言，可謂有利有弊，利者是若市價在預期的範圍內，期權金的收益將十分穩定，不過相對於沽空馬鞍式期權組合而言，最高可獲的利潤當然大打折扣。

若投資者希望提高沽空勒束式期權組合的收益，但又希望某程度上維持勒束式期權的好處，則投資者可以考慮以下兩種方法：

(1) 收窄勒束式期權組合的行使價。以前述例子，若在 7 月 17 日收市沽空不同行使價的勒束式期權組合，所收取的期權金有以下對比：

   （i）　行使價 67.00 及 69.00：0.63

   （ii）　行使價 67.00 及 68.00：0.90

   （iii）行使價 68.00 及 69.00：1.12

   毫無疑問，行使價愈窄，可能獲得的利潤亦愈大。

(2) 沽空兩套行使價不同的勒束式期權組合，此法可增加兩套勒束式組合之中間價時的最高獲利可能。以前述期權例子，三種不同組合的最高可能獲得的利潤可作以下比較：

   （i）　沽空 68.00 馬鞍式組合：1.39

   （ii）　沽空 67.00/68.00 及 68.00/69.00 兩套勒束式組合平均價：1.01

   （iii）沽空 67.00/69.00 勒束式組合：0.63

（見圖 8.11a 及 8.11b）

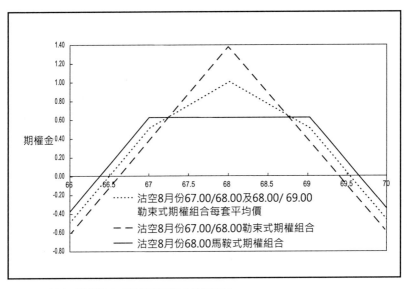

圖8.11a 沽空8月份勒束式期權不同組合的比較圖

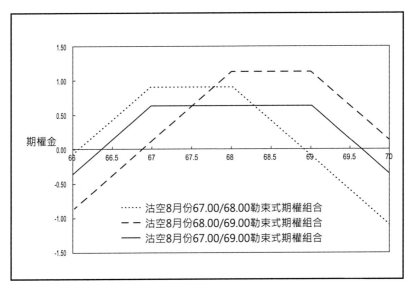

圖8.11b 沽空期權勒束式策略

策略的盈利比較

筆者先後討論過沽空馬鞍式期權組合及勒束式期權組合的買賣策略，以下引用8月份期權市場的實際買賣價的變化以作總結：

(1) **沽空 8 月份行使價 68.00 的馬鞍式期權組合：**該組合期權金於 7 月 17 日為 1.39，至 8 月 9 日該期權到期時，組合期權金值 0.21，每套賺 1.18 或 1,475 美元。

(2) **沽空 8 月份行使價 68.00 及 69.00 的勒束式期權組合：**該組合期權金於 7 月 17 日為 1.12，每套賺 0.91 或 1,137.5 美元。

(3) **沽空 8 月份行使價 67.00 及 68.00 的勒束式期權組合：**該組合期權金於 7 月 17 日為 0.90，至 8 月 9 日到期時，組合價值為零，每套賺 0.90 或 1,125 美元。

(4) **沽空 8 月份行使價 67.00 及 68.00、68.00 及 69.00 兩套勒束式期權組合：**7 月 17 日上述組合平均價為 1.01，至 8 月 9 日到期為 0.105，每套賺 0.905 或 1,131.25 美元。

(5) **沽空 8 月份行使價 67.00 及 69.00 的勒束式期權組合：**7 月 17 日組合期權金為 0.63，至 8 月 9 日到期時，期權金為零，每套共賺 0.63 或 787.5 美元。

上述期權策略的期權金走勢見圖 8.12。

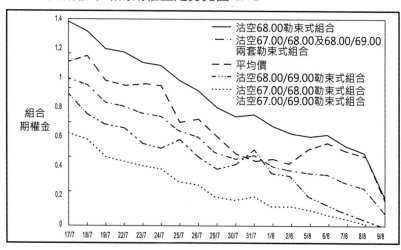

圖8.12 沽空期權不同策略的期權金比較圖

如何管理勒束式組合？

對於沽空馬鞍式或勒束式策略之後，應該如何管理該組合呢？一般而言有三種方法：

(1) 在市價超出預期範圍之外後止賺或止蝕；

(2) 在市價超出預期的範圍之外後用期貨合約對沖，直至期權到期；

(3) 平掉舊有勒束式組合，重新沽空另一價位範圍的勒束式組合。

以下筆者再引用 8 月份期權市場的實際數據以作一例。（見圖 8.13）

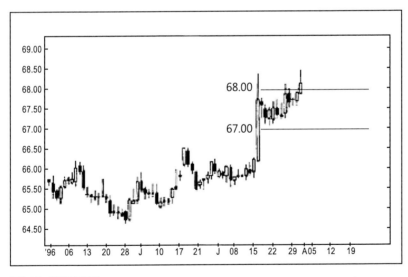

圖8.13　期貨走勢圖

(1) 7 月 17 日，在期貨收市價 67.61 時沽出 8 月份行使價 67.00 認沽期權及沽出 8 月份行使價 68.00 認購期權，分別收取期權金 0.40 及 0.50，共 0.90。投資者預期馬克期貨收市價不會超出 67.00 至 68.00 區域。

(2) 7 月 31 日，期貨收 68.15，超出了預期的區域。舊有 67.00/68.00 勒束式期權組合的期權金下跌至 0.52，投資者有幾種考慮：

第一，在收市時將現有沽空的勒束式期權平倉，每套賺 0.38。

上述策略獲利的條件是，市價維持在價位範圍內一定的時間，波幅率下跌，因此才可以賺取期權金。

第二個辦法是以期貨合約作對沖。7 月 31 日，期貨最高上升至 68.50，上破了 10 月 16 日高點 68.40 超過 0.10。雖然期貨價未到 68.90 打和點，但由於市價一度升破之前的高位，投資者擔心市勢會變成單邊升市，會令所持有的沽空勒束式期權組合「風險無限」，於是，投資者於當時高位 68.50 買入一張期貨合約以作對沖。

經過對沖之後，整個組合到期時的盈虧如下：

(1) 如果到期日期貨價在 68.00 之上，投資者的利潤等於勒束式期權金 0.90 減認購期權的損失 0.50 (68.50-68.00)，淨賺 0.40。

(2) 打和點在 67.60（即認購期權行使價 68.00 減上面 0.40 的期權金）。

(3) 低於 67.00 的話，策略等如沽空了兩張期貨合約。（見圖 8.14）

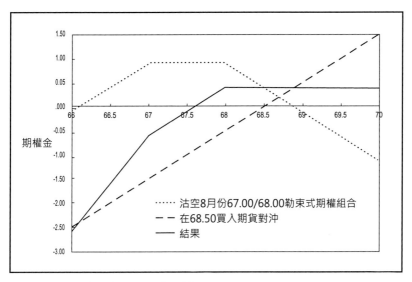

圖8.14 沽空期權的勒束式策略及期貨對沖

到 8 月 9 日到期日，期貨價收 67.79，所沽空的勒束式策略賺盡 0.90，但期貨合約損失 0.71，投資者淨賺 0.21，約 262.5 美元。

對於沽空勒束式期權組合後，最困難的地方是如何決定入市用期貨對沖，如果對沖後，市價反方向而行，期貨合約方面的損失，可能會令沽空期權組合者得不償失。

一般而言，若對沖後，投資者發覺市價回落到先前預期的價位上落幅度之內，投資者應盡快平掉期貨合約，使整套組合回復原先沽空勒束式策略的狀態。對於這方面的部署，以下再引用前述例子予以說明。

(1) 7 月 31 日，投資者在 68.50 入市買入期貨對沖，對沖後的打和點在 67.60。

(2) 8 月 8 日，期貨回落至最低 67.29，投資者為免損失，在 67.60 沽出期貨，期貨合約損失了 0.90。

(3) 8 月 9 日到期時，期貨價收 67.79，處於勒束式組合的 67.00 至 68.00 之內，勒束式組合共賺取 0.90。

換言之，到期日時整體策略無賺無蝕，只使用了經紀佣金。
不過如果投資者可在 67.60 之上將所有持有的期貨合約拆倉，則
到期時策略應有利可圖。（見圖 8.15）

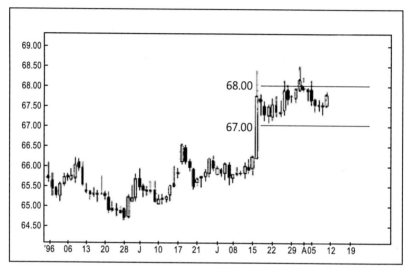

圖8.15　期貨走勢圖

對於沽空勒束式期權組合後，第三種管理方式是改變勒束式
策略的價位範圍，包括：

(1) 上移或下移勒束式價位範圍，以適應新的市價上落幅度；

(2) 擴闊勒束式價位範圍，以適應新的市價上落幅度。

在筆者所應用的例子裡面，第 (1) 種方法是：

・7月17日，以 0.90 沽出一套 67.00/68.00 勒束式策略。

・7月31日，期貨價收 68.15，投資者預期市價上落幅度會
上移至 68.00 至 69.00，於是在收市時以 0.50 沽出所持
有的 67.00/68.00 勒束式沽倉，並同時以 0.45 沽空一套
68.00/69.00 的勒束式組合，前者每套賺 0.38。此外，若
持有倉盤至結算，8月9日該 68.00/69.00 組合報 0.21，
每套賺 0.24。

上述策略前後賺取 0.62（0.38+0.24）或 775 美元。不過由於 8 月初期貨回落至 67.00 至 68.00 的幅度內上落，投資者可能希望將勒束式區域下移至 67.00 至 68.00 策略上：

- 8 月 5 日，期貨價收 67.64，投資者以 0.53 平掉所沽出的 68.00/69.00 勒束式組合，損失 0.08。此外，以 0.20 沽出 67.00/68.00 勒束式組合。
- 8 月 9 日，期貨價收 67.79，67.00/68.00 勒束式組合下跌至零，套利賺 0.20。上述策略共賺 0.50（0.38-0.08+0.20），或 625 美元。（見圖 8.16）

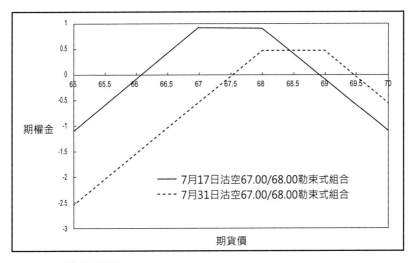

圖8.16 上移勒束式組合

對於另一種改變勒束式組合價位範圍的方法是擴闊價位範圍。引用前述例子：

- 7月17日，期貨價收 67.61，投資者以 0.90 沽出 67.00/68.00 的勒束式策略。
- 7月31日，期貨價收 68.15，投資者擔心市價上落幅度已上移至 68.00 至 69.00，希望將所持有勒束式策略由

67.00 /68.00 擴闊至 67.00/69.00。方法是：以 0.46 補回所沽出的 8 月 68.00 認購期權，新組合期權金為 0.20 (0.06 + 0.14)。帳面上，67.00/68.00 勒束式組合每套賺 0.38 (0.90 - 0.52)。

- 8 月 9 日，期權到期，期貨價收 67.97，處於勒束式期權組合 67.00 至 69.00 之內，因此，組合期權金下跌至零。換言之，每套 67.00/69.00 勒束式組合共賺取 0.20。綜合而言，由 7 月 17 日開始，所運用的策略共賺取 0.58 (0.38 + 0.20)，每套賺 725 美元。

以下比較所述策略的盈利：

(1) 上移價位範圍策略：0.62；

(2) 上移後再下移價位範圍策略：0.50；

(3) 擴闊價位範圍的策略：0.58。

值得注意的是，策略的最終盈利虧損很大程度取決於市價運行的方向，及最終結算價。(見圖 8.17)

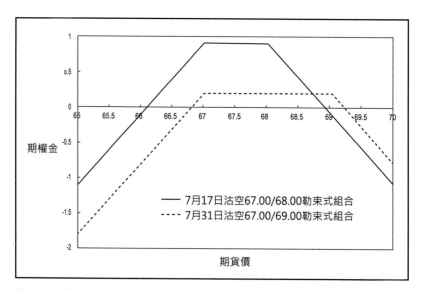

圖8.17 擴闊勒束式組合

如何避免風險無限？

對於沽空馬鞍式或勒束式期權組合的投資者而言，最大的心理障礙往往是「利潤有限，風險無限」。投資者最大的期權金利潤已知，但若市價走出預期的範圍之外時，沽空期權者的風險便差不多等如買入或沽空期貨一樣，理論上風險無限。

不過，所謂「風險無限」實際上有點言重了，投資者事實上可用期貨合約作對沖，或乾脆止蝕離場。

若期權投資者希望在「風險有限及利潤有限」的情況下作買賣，有何方法呢？

主要方法有兩種：

(1) 蝴蝶式策略 (Butterfly Strategy)

(2) 飛鷹式策略 (Condor Strategy)

沽空上述策略者，是預測市價將作向上或向下突破，但信心不太強，因此，希望最大的可能損失較馬鞍式為少，並接受只可能獲得有限的利潤。

買入上述策略者，是預期市價將進入牛皮上落的局面，希望在一定市價範圍內賺取時間值及波幅值，但又擔心市價一旦超出預期的買賣範圍的話，會遭遇如期貨一樣的風險，因此，他希望損失亦有所限制。

上述兩種策略都是極之穩健的人士所選擇的策略，但顧名思義，風險有限，利潤亦有限。

買入蝴蝶式風險有限

所謂蝴蝶式期權策略，其實是結合馬鞍式及勒束式期權策略的組合，分三個行使價進行。

(1) 沽空蝴蝶式期權組合：是買入一個中間行使價的馬鞍式組合，並同時沽出一套較高及較低行使價的勒束式組合。

(2) 買入蝴蝶式期權組合：是沽空一個中間行使價的馬鞍式組合，並同時買入一套較高及較低行使價的勒束式組合。（見圖 8.18）

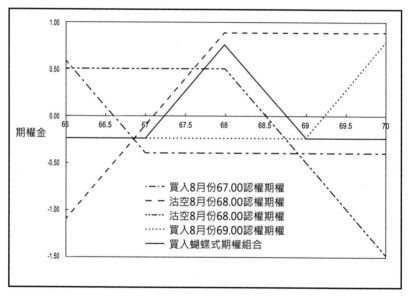

圖8.18 買入蝴蝶式期權組合

以我們一直討論的期權策略為例，如果在 7 月中投資者看期貨牛皮上落，希望沽空馬鞍式組合以賺取期權金，但又擔心若市價走出預期的幅度之外，馬鞍式策略會帶來無限風險。又或者，投資者大手入市，擔心若市價走出預期的幅度，因期貨大手對沖會有困難，於是，投資者選擇買入蝴蝶式組合，該組合包括在 7 月 17 日：

(1) 買入 8 月行使價 67.00 認沽期權；

(2) 沽空 8 月行使價 68.00 認購期權；

(3) 沽空 8 月行使價 68.00 認沽期權；

(4) 買入 8 月行使價 69.00 認購期權。

7月17日該組合報 0.76（-0.40+0.89+0.50-0.23）。到期時，最高可獲利 0.76，最多損失 0.24，打和點在期貨價 67.24 及 68.76。

結果，8月9日到期，組合價值 0.21，每套獲利 0.55 或折合為 687.5 美元。

馬鞍式與蝴蝶式比較

馬鞍式及蝴蝶式期權的策略兩者在應用上有利有弊，完全視乎投資者對市況的看法如何，以下將兩者的不同之處以作比較：

(1) 馬鞍式風險較大：投資馬鞍式組合的風險較大，回報亦較大。

以圖 8.19 所用的例子而言，沽空馬鞍式的最大利潤為 1.39，而買入蝴蝶式則只有 0.76，相差達 45.3%。不過，理論上，期貨價如果超出 66.61 或 69.39，沽馬鞍式風險可以無限。對於買入蝴蝶式組合而言，風險最大只有 0.24，因此，投資者較有保障。

(2) 蝴蝶式組合打和點較窄：以打和點而言，蝴蝶式的打和點幅度較細，因此，輸面相對較大。

以圖 8.19 例子而論，馬鞍式與蝴蝶式的打和點分別為：

馬鞍式：66.61 及 69.39

蝴蝶式：67.24 及 68.76

由此可見，蝴蝶式的打和點較窄，對投資者較不利。

不過，由於蝴蝶式最高利潤及最大損失都可清楚計算，因此，風險回報比率較易掌握。以上述例子，風險 0.24 與回報 0.76 大約比例為 1:3，因此頗為值得考慮。

239

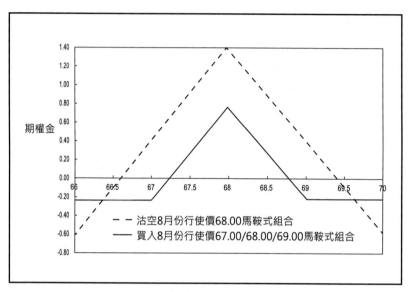

圖8.19 沽空馬鞍式與買入蝴蝶式期權組合比較圖

蝴蝶式期權組合套利法

由於蝴蝶式期權策略無論在風險及回報都受到限制，因此，投資者可清楚計算風險回報比率，以決定是否入市。蝴蝶式組合有一個好處就是給予投資者較持久的策略，雖然市況可能大上大落，但投資者最大的風險已經有所限制，因此，在期權到期之時，只要市價回復到蝴蝶式組合所預期的市價幅度內，投資者仍可以有獲利的機會。相對於期貨而言，投資者對於市勢可能看對，但由於期貨價大幅波動，投資者的持倉可能已經觸及止蝕盤，招致損失。以上述期貨的走勢為例，如果投資者在 8 月 6 日預期 9 月期貨將在 9 月 6 日到期時到達 67.00 的水平，亦即回吐 3 浪的 0.382 倍，目標為 67.17，投資者的蝴蝶式策略是：

- 買入 9 月 66.50 認沽期權
- 沽空 9 月 67.00 認沽期權
- 沽空 9 月 67.00 認購期權
- 買入 9 月 67.50 認購期權

　　上面的期權金分別為 0.22、0.36、0.89 及 0.62 組合為 0.41，若 9 月 6 日 9 月期貨為 67.00，最多可賺 0.41，而最大風險只有 0.09，打和點在 66.59 及 67.41。(見圖 8.20 及圖 8.21a)

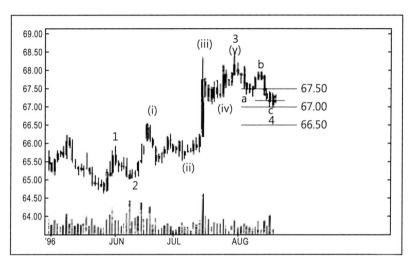

圖8.20　期貨走勢圖

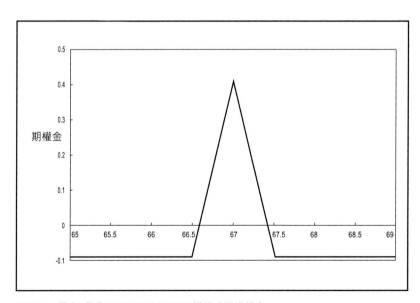

圖8.21a　買入9月份66.50/67.00/67.50蝴蝶式期權組合

馬鞍式「風險無限」與蝴蝶式「風險有限」

事實上，期貨價比預期提前在 8 月 22 日到達 67.00（見圖 8.22），組合的期權金分別如下：

		6/8	22/8
• 買入蝴蝶式期權組合成分			
• 揸 9 月 66.50 認沽期權	:	0.22	0.12
• 沽 9 月 67.00 認沽期權	:	0.36	0.29
• 沽 9 月 67.00 認購期權	:	0.89	0.41
• 沽 9 月 67.50 認購期權	:	0.62	0.19
共	:	0.41	0.39

圖8.22　期貨走勢圖

由上面的資料可見，雖然投資者對於市勢的方向看對了，但由於時間方面拿捏不準，8月6日所買入的蝴蝶式期權組合到8月 22 日時亦只賺取了 2 點。除非期貨到9月6日仍企於 67.00，策略才可進一步收取最高 41 點的利潤。

由此可見，蝴蝶式對於時間值的損耗並不敏感。若投資者在8月6日沽空了67.00馬鞍式期權組合，當日的期權金1.25（0.36＋0.89），至8月22日時，馬鞍式組合的價值下跌至0.70（0.41＋0.29），每套已賺取0.55。

上面馬鞍式的0.55與蝴蝶式的0.02的分別，在於「風險無限」與「風險有限」之間。

蝴蝶式組合到期獲利

9月6日，期權9月份合約到期日，以下與讀者檢討一下蝴蝶式期權策略。

如果投資者在8月6日預期9月期貨將在9月6日到期時到達67.00的水平，亦即回吐3浪的0.382倍，目標67.17，投資者的蝴蝶式策略是：

- 買入9月66.50認沽期權
- 沽空9月67.00認沽期權
- 沽空9月67.00認購期權
- 買入9月67.50認購期權

上面的期權金分別為0.22、0.36、0.89及0.62，組合為0.41，若9月6日馬克9月期貨為67.00，最多可賺0.41，而最大風險只有0.09，打和點在66.59及67.41。

結果，9月6日9月份期權到期，9月期貨價收67.04，剛好收在預期的價位水平之上。其中，66.50認沽期權、67.50認購期權及67.00認沽期權價值下跌至零，而67.00認購期權價值為0.04。換言之，8月6日如買入上述蝴蝶式期權組合，每套共賺0.37（0.41-0.04），投資者共賺462.5美元（未計佣金）。（見圖8.21b及表四）

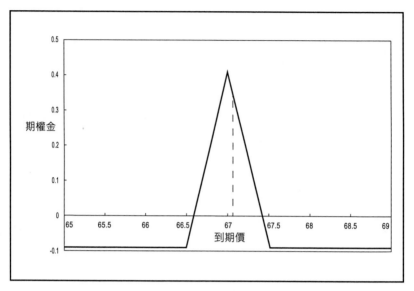

圖8.21b 買入9月份66.50/67.00/67.50蝴蝶式期權組合

表四：買入蝴蝶式組合盈虧表

9 月份期權買入蝴蝶式組合					
行使價	買66.50認沽	沽67.00認購	沽67.00認沽	買67.70認購	
65.00	1.28	0.89	-1.64	-0.62	-0.09
65.50	0.78	0.89	-1.14	-0.62	-0.09
66.00	0.28	0.89	-0.64	-0.62	-0.09
66.50	-0.22	0.89	0.14	-0.62	-0.09
67.00	-0.22	0.89	0.36	-0.62	0.41
67.50	-0.22	0.39	0.36	-0.62	-0.09
68.00	-0.22	-0.11	0.36	-0.12	-0.09
68.50	-0.22	-0.61	0.36	0.38	-0.09
69.00	-0.22	-1.11	0.36	0.88	-0.09

短線期權套利法

筆者討論過蝴蝶式期權策略，對於捕捉結算價的利潤方面的用處。事實上，由於蝴蝶式期權策略對於時間的損耗並不敏感，因此，蝴蝶式期權策略應可作為一種結算前的短線買賣策略。

再以 9 月 6 日到期的期權為例，投資者於 9 月 3 日（周二）9 月期貨收 67.42 時，認為 9 月 6 日（周五）期權到期時，期貨會下跌至 67.00 左右。如果在 9 月 3 日投資者沽空期貨，到預期水平時大約可賺 42 點。不過，若市場大幅反彈，投資者可以損失很大。

投資者可選擇買入一套蝴蝶式期權組合，包括以 0.02 買入 66.50 認沽期權、以 0.08 沽空 67.00 認沽期權、以 0.50 沽空 67.00 認購期權及以 0.17 買入 67.50 認購期權。

這套策略最大回報為 0.39 (0.08 + 0.50 - 0.02 - 0.17)，最大風險則只有 0.11 (67.50 - 67.00 - 0.39)。打和點分別在 66.61 及 67.39。

結果，9 月 6 日到期日，9 月期貨報 67.04，組合中只有 67.00 的認購期權剩餘價值 0.04。換言之，投資者在三個交易日內賺取了 0.35，折合 437.5 美元，而策略的最大風險為 137.5 美元而已。

蝴蝶式的組成方法

其實蝴蝶式的組成方法有三種，可說千變萬化，以下列出以供讀者參考：

(1) 沽空一套蝴蝶式認購及認沽期權組合：

(i) 沽空一張低行使價的認沽期權

(ii) 買入一張中行使價的認沽期權

(iii) 買入一張中行使價的認購期權

(iv) 沽空一張高行使價的認購期權

(2) 沽空一套蝴蝶式認購期權組合：

(i) 沽空一張低行使價的認購期權

(ii) 買入兩張中行使價的認購期權

(iii) 沽空一張高行使價的認購期權

(3) 沽空一套蝴蝶式認沽期權組合：

(i) 沽空一張低行使價的認沽期權

(ii) 買入兩張中行使價的認沽期權

(iii) 沽空一張高行使價的認沽期權

對於上面三種方法，有以下幾點要注意：

(1) 若沽空蝴蝶式組合，可將上面的策略由「買」改「沽」及由「沽」改「買」。

(2) 組合中，中間行使價的買賣方向決定整個組合的買賣方向。

(3) 上面三種方法中，第一種其實是馬鞍式及勒束式的兩套組合，第二種是認購期權兩套跨價組合 (Spreads)，第三種是認沽期權的兩套跨價組合。

飛鷹式策略

9月期貨自8月22日低見 66.90後出現大反彈，8月23日高見 67.90。投資者認為，既然期貨上升至 67.50 之上，市場的上落幅度可能已經上移至 67.50 至 68.00 水平。投資者有以下考慮：

(1) 沽空 9 月 6 日到期的 67.50/68.00 的勒束式期權組合，以 8 月 26 日的收市價計，沽 67.50 認沽期權可收 0.26，沽 68.00 認購期權可收 0.22，合共 0.48。打和點分別在 67.24 及 68.26。

(2) 不過，投資者亦擔心，若價位超越 67.24 或 68.26，風
險可能會相當大。

(3) 為對沖風險，投資者考慮買入一套 9 月 6 日到期的
67.00/68.50 勒束式期權組合，以 8 月 26 日的收市價計，
買入 67.00 的認沽期權要付出 0.11。同時，買入 68.50
的認購期權要付出 0.11，共付出 0.22。

上面兩套勒束式期權實質上形成一套買入「飛鷹式」的期
權組合，若 9 月 6 日到期時，9 月馬克期貨在 67.50 至 68.00 收
市，投資者每套可賺 0.26 或折合 325 美元。相反，最大的損失
為 0.24，折合 300 美元。（見圖 8.23 及表五）

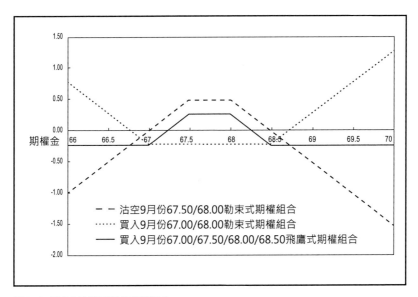

圖8.23 買入9月份飛鷹式期權組合

表五：飛鷹式期權金盈虧表

行使價	沽 67.50/68.00 勒束式	買 67.00/68.00 勒束式	買 67.00/67.50/ 68.00/68.50 飛鷹式
66.00	-1.02	0.78	-0.24
66.50	-0.52	0.28	-0.24
67.00	-0.02	-0.22	-0.24
67.50	0.48	-0.22	0.26
68.00	0.48	-0.22	0.26
68.50	-0.02	-0.22	-0.24
69.00	-0.52	0.28	-0.24
69.50	-1.02	0.78	-0.24
70.00	-1.52	1.28	-0.24

如果投資者認為 9 月期貨會在 67.50 至 68.00 徘徊到結算，希望收取時間值，但又怕市價一走出預期範圍，會帶來太大的風險，投資者可考慮買入 9 月飛鷹式期權組合。

不過，投資者可能會認為既然市場已完成 4 浪調整，第 5 浪至少可上升至 69.00 的新高之上。

但是，投資者亦擔心，如果再度下跌至 67.00，升勢可能只屬反彈，並會重入跌勢。

另外，投資者預期市勢會很快出現突破。

在上述的預期下，投資者可以沽出一套飛鷹式期權組合。這套組合的成分包括：

- 沽空 9 月 67.00 認沽期權（0.11 美仙）
- 買入 9 月 67.50 認沽期權（0.26 美仙）
- 買入 9 月 68.50 認購期權（0.11 美仙）
- 沽出 9 月 69.00 認購期權（0.06 美仙）

　　這套策略最大風險為 0.20（+0.11-0.26-0.11+0.06），若結算時在 69.00 之上，每套利潤為 0.30（69.00-68.50-0.20）。打和點在 67.30 及 68.70，風險回報為 1：1.5。（見圖 8.24a、圖 8.24b）

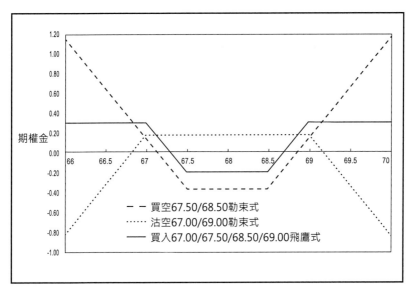

圖8.24a　沽空9月份飛鷹式期權組合

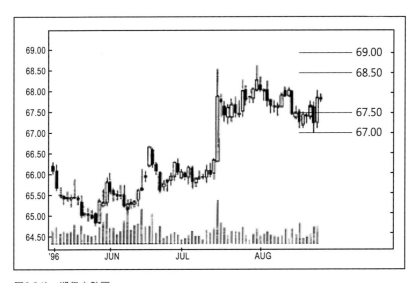

圖8.24b　期貨走勢圖

第九章

期權攻略研究（二）

筆者一直都在討論市場窄幅上落或行將出現市勢突破前的期權策略。然而，很少有投資者對於市勢方向完全沒有意見的，問題只在於市場邁向預期方向發展的過程，是慢升、快升、先跌後升還是先升後跌而已。若只用現貨或期貨買賣，投資者往往會處於相當被動的境況，以下是一些經常出現的情況：

(1) 投資者看市勢見底回升，於是買入現貨或期貨，但由於市價在底部長時間營造整固形勢，消磨了投資者的信心，投資者往往不耐煩而平倉。此外，市場底部可能多次試底，有可能觸及好倉的止蝕盤才回升，令持好倉者飲恨。

(2) 投資者看市勢見底回升，但由於市勢已見上升，追入的話若遇調整，可能遭到震倉，於是不敢入市，最後錯失良機。

(3) 若市場先跌後升，投資者的好倉可能遇到洗倉。

(4) 若市場先升後跌，投資者可能未及平倉獲利，市價已見下跌。

對於上述問題，期權策略已能一一解決。

如何面對不同的見底形態（一）

市場趨勢見底回升時，通常市勢會有幾種發展的形式：

(1) 市價在底部橫行整固一段時間，在圖表上形成「W」形甚至「雙 W」形後才回升。

(2) 市價見出底部後以「V」形大幅反彈。

(3) 市價在底部一浪低於一浪地試底，最後才回升。

(4) 市價在底部以輕微的一浪高於一浪形式上升，之後速度才告增加。

如果我們預期市場趨勢見底，最直接的方法當然是在預期的底部買入現貨或期貨，設下止蝕盤，然後靜待市價回升。如果市況以第二種「V」形情況發展，最為理想。不過，在上面第三種情況下，如果市價在低水平一浪低於一浪地下試新低，則上述止蝕盤便可能遭到觸及，打擊投資信心。在這方面，如果投資者希望所持倉盤有較大的持久性，而又不用擔心好倉遭到短暫止蝕，則可改而持有認購期權。認購期權有一個好處，就是風險最大便是期權金，若市價超出預期而持續下跌，所持有的認購期權本身已包含止蝕作用。若市價在底部略作反覆，然後大幅反彈，持有認購期權的作用最妙。

不過，如果市況以第一種「W」形打底或第四種慢升的狀況運行，單頭持有的認購期權可能會損失大量時間值，甚至市價到期權結算後才上升，令投資招損。

如何面對不同的見底形態（二）

持有現貨 / 期貨，或持有認購期權，在投資實戰時各有利弊，前者獲利的速度最快，但若市況不就，可能招致風險無限，因此，投資者的心理負擔頗大。運用止蝕盤控制風險固然無可避免，但若遭止蝕，則所持倉盤便會喪失持久力。

理論上，持有認購期權應為較有保障的做法，最大只損失期權金，風險有限，但若市價上升，利潤理論上可以無限。不過，很多人忽略一點，就是期權的時間值及波幅值的問題。由於期權本身有時間限制，時間值會隨時間而日漸下跌，即將到期時，時間值會愈跌愈急。

此外，即使市價向投資者預期的方向運行，但波幅率實際上可能下跌，亦會令期權金的波幅值下降，因此不利持期權長倉者。換言之，若市價下跌，持有認購期權固然損失期權金；市價

不跌而只作橫行，期權金的時間值及波幅值亦會受到損耗。此外，即使市價上升，但若升勢緩慢或反覆，時間值及波幅值對於期權金亦有不利作用。最後，只有投資者在買入期權後，期權很快地向預期方向發展，持有期權者才會有利可圖。

綜合來說，持有期權固然風險有限而獲利機會無限，但真正獲利者仍須對市況發展及時間有清楚的掌握。

時間值極之重要

對於買賣期貨或現貨，最大的優點亦是最大的缺點，就是回報無限、風險亦無限。在此，買入期權的好處顯然易見，就是風險有限（期權金），回報無限，投資者往往可以利用期權以小博大，若對市勢有正確的預期，投資者隨時可以在短時間內獲取數倍的回報。

不過，期權亦可看為是一種高風險的投資工具，所付出的期權金可以在期權到期時全部報銷。換句話說，一寸光陰一寸金，買期權是買時間及機會，若時間一去、機會不來，期權金便會消耗淨盡，當然，「時」來而「運」到，期權是槓桿度最高的獲利工具。

究竟一寸光陰值多少「金」呢？以下引用一個例子，讓讀者對時間值有一個概念：若投資者買入一張三個月後（92天）到期的行使價 67.00 的貨幣平價（At-the-Money, ATM）認購期權，當時期貨價 67.00，利率 5.13%，波幅率 5.49%，認購期權的理論值為 1.24。三個月後到期時，期貨價維持在 67.00，與行使價一樣，因此無利可圖，而期權金亦完全耗盡。換言之，一天的時間值平均值 1.34 點。若更精確地計算，期權頭兩個月每天下跌約 1 點，最後半個月每天下跌 1.5 點，愈近到期，下跌幅度愈大。以期權每點 12.50 美元計，持有上述期權每日會消耗 12.50 美元。（見圖 9.1 及圖 9.2）

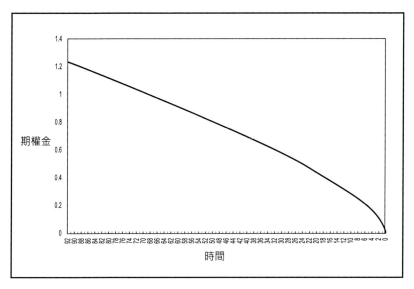

圖9.1 三個月平價認購期權

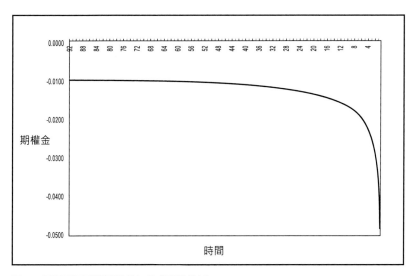

圖9.2 三個月平價認購期權每日時間值損耗

跨價期權組合減風險

持有認購期權有利有弊，利者是認購期權風險有限，而利潤有無限的可能；至於不利者，是期權有其時間值，愈接近到期日，期權的時間值會損耗得愈快。

有時，即使投資者看對了市勢，但可能時間方面拿捏不準，期權到期後市價才向預期方向運行，投資者會白白損失掉期權金。

有沒有一種期權策略可以幫助投資者既控制風險在期權金之內，但又可以減少時間值的損耗，從而捕捉預期的市場趨勢呢？答案有，投資者可採用跨價買賣的方式 (Spread Trading)。

跨價買賣的主要精神是買入低行使價的認購期權，同時沽空高行使價的認購期權，以捕捉上升的市勢。

這種方法是，前者損失時間值，後者賺取時間值，因此令時間值的損失減少。

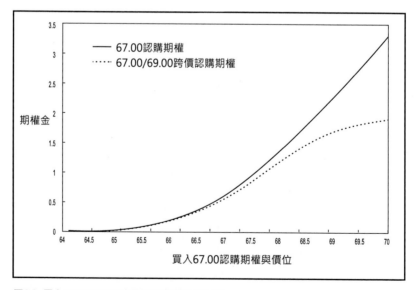

圖9.3 買入67.00/69.00跨價認購期權組合比較

換言之，買入跨價期權策略的最大好處是所付出的期權金較少，風險較單頭買入認購期權為低，當現價高於行使價時，跨價組合便失去進一步的獲利能力。

圖 9.3 是買入一個月 67.00 認購期權與買入一套 67.00 /69.00 認購期權的期權金比較圖。

跨價期權組合實例

進行跨價期權買賣的好處是減少期權金及風險控制在期權金之內。

至於壞處方面，主要是當市價向預期方向運行時，所賺到的利潤幅度會較單頭買入期權為低。

以下引用 8 月至 9 月的一個例子以說明上述的概念。

8 月 6 日，期貨價收 67.53。當時投資者預期期貨會上升至 69.00 水平，於是考慮 9 月 6 日到期的期權的策略。

(1) 如果投資者買入等價認購期權（At-the-Money, ATM）67.50 認購期權的期權金為 0.62。

(2) 如果投資者買入一套看好的跨價認購期權組合（Bull call Spread），即買入 67.50 認購期權，並同時沽空 69.00 認購期權，前者支付 0.62，後者收取 0.17，淨期權金為 0.45。

換言之，單頭買入認購期權的最大風險為 0.62，而跨價買賣的最大風險則為 0.45。

結果，到 9 月 6 日到期日，投資者大失所望，馬克期貨價收 67.04，所持有的 67.50 期權價值為零，而跨價組合亦下跌至零，換言之，持有跨價組合的損失較單頭持有認購期權者為少。

三種看好工具的比較

金融市場衍生工具的發展，使我們投資買賣不需要以賭博的心態看待，我們已有足夠的投資工具去保障風險，因此，只要我們對市勢的走向有足夠的掌握，我們便可以根據預期去設計最合適的買賣策略。

故此，無論市勢大起大跌，或牛皮上落，全部都是有利可圖的機會。

若我們看好該市場，我們可以有多少種買賣的方式呢？我們可以買入現貨或期貨、買入認購期權或買入看好的跨價期權組合。不過，在上述三種工具之中，我們應該如何選擇呢？

在選擇上我們可以從幾個角度考慮：若投資者極有信心該市場會上升，可直接買入現貨或期貨，因為此方法獲利的幅度最大。不過，若投資者對市勢信心較低，則應買入認購期權。若投資者信心不大，預期上升幅度不會很大，但仍希望有機會捕捉上升的市勢，則可買入跨價期權組合。

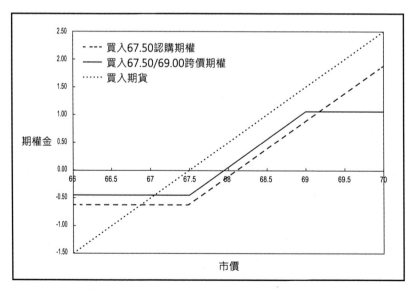

圖9.4 買入認購期權、跨價期權及期貨的風險回報比較圖

　　跨價期權組合所涉及的期權金最少，風險最低，但在打和點水平時，跨價期權組合會較單頭買入的認購期權的表現為佳。不過升越打和點後，跨價期權組合的升勢便會放慢，較單頭買入的認購期權為差。（見圖 9.4 及表一）

表一：認購期權、跨價組合與期貨盈虧比較

行使價	買 67.50 認購期權	買入 67.50/69.00 跨價期權	買入期貨
64.00	-0.62	-0.45	-3.50
64.50	-0.62	-0.45	-3.00
65.00	-0.62	-0.45	-2.50
65.50	-0.62	-0.45	-2.00
66.00	-0.62	-0.45	-1.50
66.50	-0.62	-0.45	-1.00
67.00	-0.62	-0.45	-0.50
67.50	-0.62	-0.45	0.00
68.00	-0.12	0.05	0.50
68.50	0.38	0.55	1.00
69.00	0.88	1.05	1.50
69.50	1.38	1.05	2.00
70.00	1.88	1.05	2.50

四種跨價組合

　　筆者已先後討論過跨價期權組合的優點，主要來說，跨價期權組合是一種較單頭買入期權更為保守的投資策略，適合方向性的買賣之用。

　　事實上，跨價期權可以有兩種向好的組合及向淡的組合，以下分別列出以供讀者參考：

向好的投資策略：

(1) 買入跨價認購期權組合 (Bull call Spread)

這種組合的成分是買入低行使價的認購期權，同時沽空高行使價的認購期權。

(2) 沽空跨價認沽期權組合 (Bull put Spread)

這種組合的成分是買入低行使價的認沽期權，同時沽空高行使價的認沽期權。

向淡的投資策略：

(1) 沽空跨價認購期權組合 (Bear call Spread)

這種組合的成分是沽空低行使價的認購期權，同時買入高行使價的認購期權。

(2) 買入跨價認沽期權組合 (Bear put Spread)

這種組合的成分是沽空低行使價的認沽期權，同時買入高行使價的認沽期權。

上述四種跨價組合又名垂直跨價期權買賣 (Vertical spread)。

跨價期權組合相當保守

上面筆者比較了三種看好市勢的投資策略，包括買入期貨、買入認購期權及買入跨價期權組合。上述筆者是從結算日的角度分析其盈虧情況，然而，若我們將時間值及波幅值等因素計算入內，其情況便未必一樣。

主要來說，有幾點值得商榷的地方：以結算日的盈虧分析的話，在跨價買賣中，低行使價及高行使價的價位幅度內，持有期貨、認購期權及跨價組合皆沒有分別，不過，若我們將時間值等因素計算在內，明顯地，跨價期權組合比認購期權及期貨的升幅都會較細。

以圖 9.5 為例，投資者在 68.00 買入期貨，與在 68.00 時買入一個月後到期行使價 67.00 的價內認購期權，兩者上升的幅度不致相差太遠。

不過，如果比較一個月後到期的 67.00/69.00 跨價認購期權，投資者便會發覺，跨價組合下跌時風險較小，但同樣地，上升時的回報亦較低。因此，跨價期權組合是一種相當保守的策略，只適用於既希望捕捉市勢，但又缺乏明顯信心的投資者。

圖 9.5 是按布力克·索爾斯的計價模式而計算的期權理論值盈虧分析。

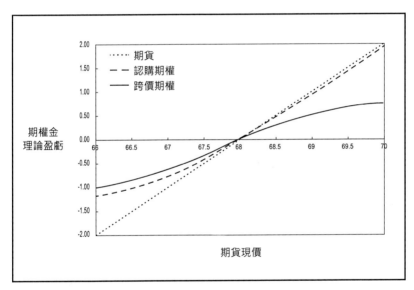

圖9.5 一個月期的期貨、認購期權及跨價期權組合比較圖

如何選擇跨價的行使價？

其實，當我們考慮作跨價買賣的期權組合之前，我們除了要考慮對市勢方向的信心外，選擇期權的低行使價及高行使價的水平亦大有學問，嚴格而言，以跨價認購期權組合來看，我們共有五種選擇，包括：

(1) 買入價內 (ITM) 的認購期權，並同時沽空價內 (ITM) 的認購期權

(2) 買入價內 (ITM) 的認購期權，並同時沽空平價 (ATM) 的認購期權

(3) 買入價內 (ITM) 的認購期權，並同時沽空價外 (OTM) 的認購期權

(4) 買入平價 (ATM) 的認購期權，並同時沽空價外 (OTM) 的認購期權

(5) 買入價外 (OTM) 的認購期權，並同時沽空價外 (OTM) 的認購期權

對於上面五種選擇，主要的考慮點是：

(1) 最大風險與最大回報的相對比例

(2) 投資者希望入市時是要支出期權金還是收取期權金

(3) 投資者希望跨價策略，在最短價位幅度內獲利還是付出較低的期權金風險

(4) 跨價組合的時間要長還是要短

各跨價組合有利有弊

在選擇跨價期權買賣行使價時，主要有兩個考慮：最大的風險和最大的回報。若要風險最低，當然是選擇買入的行使價與沽出的行使價相距愈窄愈好，因為期權金最少。不過，如果投資者

希望最大回報愈高愈好，則買入及沽出的兩個行使價必須愈闊愈好（最大回報的計算方式是行使價兩者之差減去淨期權金）。

投資者所選擇的行使價必須視乎投資者對市勢的看法，如果預期市勢方向的信心較大，應選跨價較闊的行使價，以較大風險換取較大回報，相反，如果投資者預期的信心較細，可選擇較窄的行使價。

此外，選擇買入價內或價外跨價期權組合亦有其學問：

(1) 如果買入價內及沽出價內期權的跨價組合，則投資者入市可收取期權金,但要準備接受最大風險大於最大回報。

(2) 如買入價內及沽出平價期權的跨價組合，投資者可收取期權金，而最大風險略低於最大回報。

(3) 如買入平價及沽出價外期權的跨價組合，投資者要付出期權金，而最大風險略少於最大回報。

(4) 如果買入價外及沽出價外期權的跨價組合，投資者要付出期權金，而最大風險少於最大回報。（見圖 9.6）

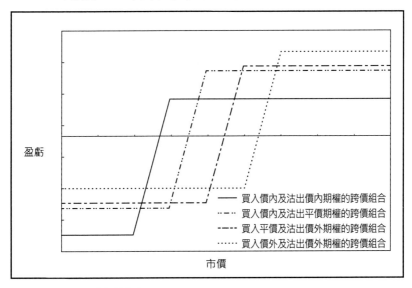

圖9.6 四種跨價認購期權組合

跨價期權的獲利方法

上面討論不同跨價期權組合與最大風險及回報之間的關係，其中乃假設期貨價維持不變至結算的話，投資者對於期權金的盈虧情況。

事實上，投資者必須緊記，如果我們買入跨價認購期權好倉（Bull Call Spread），入市時必然要付出期權金，無論所買入的是價內或價外的組合。

以下引用一個例子予以說明：9月18日的12月期貨收66.66，12月認購期權金分別為：

(1) 行使價 65.50 認購期權：1.64

(2) 行使價 66.00 認購期權：1.28

(3) 行使價 66.50 認購期權：1.02

(4) 行使價 67.00 認購期權：0.78

(5) 行使價 67.50 認購期權：0.59

買入價內的 65.50/66.00 跨價認購期權好倉應支付 0.36（1.64-1.28），換言之，最大風險為 0.36，而最大可能獲得的回報為 0.14，風險大於回報。至於打和點則在 65.86（65.50+0.36），如果結算時 12 月期貨仍在現水平 66.66，即使市價未有升跌，投資者已經有利可圖。由於現貨高於 66.00，最大的回報為 0.14。除非結算價低於 65.86，即比入市時的 66.66 下跌 0.80，投資者才會招致損失。

跨價策略（一）

對於上述討論的跨價買賣的期權投資策略，以下引用 9 月 18 日的 12 月期權例子作一比較，其中五個不同行使價的認購期權的期權金如下：

(1) 65.50 認購期權金：1.64

(2) 66.00 認購期權金：1.28

(3) 66.50 認購期權金：1.02

(4) 67.00 認購期權金：0.78

(5) 67.50 認購期權金：0.59

9月18日期貨收 66.66，換言之，行使價 66.50 認購期權為平價期權(ATM)，以下筆者比較四種跨價組合到期時的盈利狀況：

	風險	打和點	回報
65.50/66.00 跨價組合	0.36	65.86	0.14
66.00/66.50 跨價組合	0.26	66.26	0.24
66.50/67.00 跨價組合	0.24	66.74	0.26
67.00/67.50 跨價組合	0.19	67.19	0.31

從上面的數字可見，買入價內跨價期權組合風險大於最大回報，但打和點低，較易獲利。若跨價組合接近現價，風險與回報差不多，打和點亦與現價接近。最後，買入價外跨價期權組合的話，回報大於風險，但打和點將較現價高，較難獲利。

跨價策略（二）

當我們考慮跨價期權買賣的時侯，其實有一個因素是極之重要的，就是不同行使價的期權時間值變化是不一樣的。一般了解期權的時間值損耗是愈跌愈急，以指數化形式損耗(Exponential Decay)。不過，這種時間值的損耗形式只適用於平價期權(At-the-Money Option)。相對而言，價內期權(In-the-Money Option)的時間值損耗是較為穩定的；至於價外期權(Out-of-the-Money Option)，其時間值的損耗實質上是愈跌愈慢。

圖 9.7 是筆者引用布力克‧索爾斯期權定價模式所計算三個月認購期權的時間值每日損耗變化圖，由圖可見，價外、平價與價內期權時間值損耗是有所分別的。

由上面所引伸出來的結論是：

(1) 買入價內認購期權，並沽空平價認購期權可以賺取時間值（看好策略）。

(2) 買入平價認購期權，並沽空價外認購期權會損失時間值（看好策略）。

(3) 買入價內認購期權，並沽空價外認購期權會損失時間值。

換言之，若現價處於跨價認購期權組合的打和點之上，投資者每天都賺取時間值；相反，現價處於打和點之下，投資者則每天都要支付時間值。（見圖 9.7）

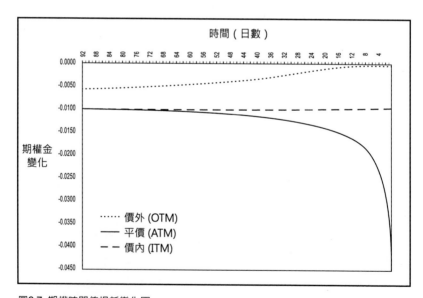

圖9.7 期權時間值損耗變化圖

如何面對好中有淡局面？

在釐定期權策略時，其實技術分析扮演著極之重要的角色；相反來說，技術分析所面對的模稜兩可情況，往往便是期權策略的用武之地。

以 8 月至 9 月的期貨走勢為例，這個模稜兩可的情況再度出現，以下是投資者的一些考慮：

(1) 8 月份裡面，期貨價維持在三角形的形態之內上落，波幅率下跌至 5.8%。投資者認為既然三角形形態已運行了一段時間，價位突破將隨時出現。

(2) 投資者的首選數浪式認為期貨由 5 月 28 日低位 64.63 開始是五個浪的上升，而由 7 月 31 日 68.50 開始的調整仍屬子浪（iv），並已於 8 月 22 日低位 66.90 完成。換言之，投資者看好，預期期貨（v）浪可上升至 69.29，亦即（i）至（iii）浪的 0.618 倍。（見圖 9.8）

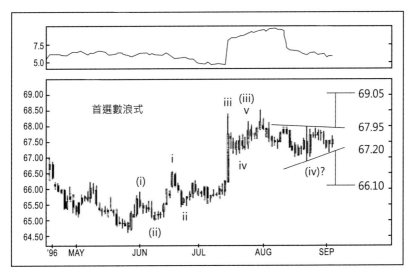

圖9.8　期貨與波幅率

(3) 雖然投資者頗為看好，但投資者發覺有另一種的數浪式，是以期貨由 64.63 上升至 68.50 已完成第 1 浪，期貨可能進入 2 浪下跌，一旦 67.00 下破，期貨將可下跌至 66.10，亦即 1 浪回吐 0.618 倍。綜合來説，投資者預期走勢出現突破，波幅率上升，而向好的機會較大，然而亦不排除有進一步下跌的可能，投資者應如何部署呢？

跨價比率組合好處多

一般而言，投資者如果面對可好可淡而行將大變之局面，都會選擇買入一套勒束式或馬鞍式的期權策略：

(1) 若在 9 月 4 日收市時同時買入 10 月份 67.00 認沽期權及 10 月份 68.00 認購期權，勒束式期權組合的淨期權金為 0.71 (0.17 + 0.54)。

(2) 若在 9 月 4 日收市時同時買入 10 月份 67.50 認購及認沽期權，馬鞍式的期權組合淨期權金為 1.15 (0.83 + 0.32)。

勒束式組合的最大風險為 0.71，打和點在 66.29 或 68.71。馬鞍式組合的最大風險為 1.15，打和點在 66.35 及 68.65。

不過，如果投資者並非對市勢的方向毫無看法的話，例如有七成看好，三成看淡，則投資者便應採取另一種較為進取的策略。這套策略名為反向跨價比率認購期權組合 (Ratio Call Backspread)。此組合由三張期權合約所組成，分別為沽空一張低行使價的認購期權，同時買入兩張高行使價的認購期權。在上述例子裡面，投資者在 9 月 4 日沽空 10 月份 66.00 認購期權 (2.06)，並同時買入兩張 10 月份 67.50 認購期權 (每張 0.83)。若到期日，期貨低於 66.40，最大回報為 0.40，亦即淨期權金；最大風險為 1.10；而在打和點 68.60 之上，利潤可以無限制。(見圖 9.9)

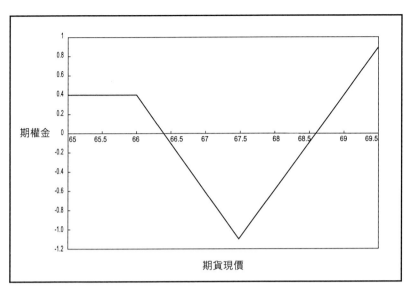

圖9.9 反向比率認購期權組合

五種期權策略比較（一）

總結上述討論，如果投資者在 9 月 4 日認為期貨行將出現大變，而且較為看好，但不排除有向下跌的可能，投資者有以下幾種期權策略：

(1) 買入10月份 67.50 認購期權，期權金支出為 0.83。

(2) 買入10月份 67.50 馬鞍式期權組合，期權金支出為 1.5。

(3) 買入10月份 67.00/68.00 勒束式期權組合，期權金支出為 0.71。

(4) 買入10月份 67.50/69.00 跨價認購期權組合，淨期權金支出為 0.61。

(5) 買入10月份反向比率認購期權組合，淨期權金收取 0.40。

　　實戰上，期貨在 9 月並未如投資者的預期一樣大幅上升；相反，期於 9 月 5 日下跌至 67.20 支持後大幅下跌，於 9 月 11 日低見 66.02，到達 64.63 至 68.50 升幅的 0.618 倍回吐水平 66.10。（見圖 9.10）

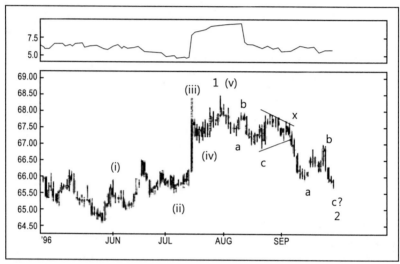

圖9.10　期貨與波幅率

　　於 9 月 11 日收市時，上面五種策略的期權金之變化如下：

(1) 67.50 認購期權由 0.83 下跌至 0.17，損失 0.66。

(2) 67.50 馬鞍式由 1.15 上升至 1.17，賺 0.02。

(3) 67.00/68.00 勒束式由 0.71 上升 0.73，賺 0.02。

(4) 67.50/69.00 跨價組合由 0.61 下跌至 0.13，蝕 0.48。

(5) 66.00/67.50 反向比率組合由 0.40 上升至 0.52，蝕 0.12。

五種期權策略比較（二）

綜合五種期權策略的比較，投資者看市場走勢只對了一半：

(1) 期貨走勢即將大變是看對了；

(2) 期貨走勢的方向則看錯了。

在這方面，投資者選擇期權的策略便十分重要。對有方向性的期權策略而言，單頭買入認購期權的損失最大，共損失 0.66；至於買入跨價認購期權組合的話，則損失 0.48，較單頭買入認購期權為低。至於所買入的反向比率認購期權組合，則只損失 0.12。

至於投資者看市勢作出突破方面，投資者大致上看對了馬鞍式及勒束式的期權策略分別賺取 0.02，而反向比率認購組合則損失 0.12。

問題是，馬鞍式及勒束式的組合為何只賺取少量的回報呢？可分兩點作解釋：

(1) 離打和點不遠。9月11日期貨收 66.26，與馬鞍式的下打和點 66.35 及勒束式的下打和點 66.29 相差不遠，除非進一步下跌，上述策略才有進一步盈利。

(2) 波幅率未見大升。馬鞍式及勒束式其實是看波幅率上升。由9月4至11日，波幅率只由 5.81% 上升至 6.37%，升幅尚算細，因此在期權金上反映甚微。

四種跨價比率策略

經過五種期權策略的比較後，投資者可以發現跨價比率期權組合是一種較為保守的投資策略。

事實上，對於不同的市勢預期，投資者共有四種跨價比率期權可作應用：

(1) 反向比率認購期權組合 (Ratio Call Backspread)

這種策略的成分是：沽空一張低行使價的認購期權及買入兩張高行使價的認購期權。這種組合適合預期市勢行將突破，波幅擴大，並以向好為主。

(2) 比率認購期權組合 (Ratio Call Spread)

這種策略的成分是：買入一張低行使價的認沽期權及沽空兩張高行使價的認購期權。這種組合適合預期市勢反覆牛皮，波幅收窄，希望收取期權金，但即使市況突破預期範圍，亦以向淡為主。

(3) 反向比率認沽期權組合 (Ratio Put Backspread)

這種策略的成分是：買入兩張低行使價的認沽期權，同時沽空一張高行使價的認沽期權。這種策略看市勢行將出現突破，波幅上升，而走勢預期向淡。

(4) 比率認沽期權組合 (Ratio Put Spread)

這種策略的成分是；沽空兩張低行使價的認沽期權，同時買入一張高行使價的認沽期權。這種策略看市勢繼續牛皮，波幅收窄，即使突破預期範圍亦以向上為主。(見圖 9.11a、圖 9.11b、圖 9.11c 及圖 9.11d)

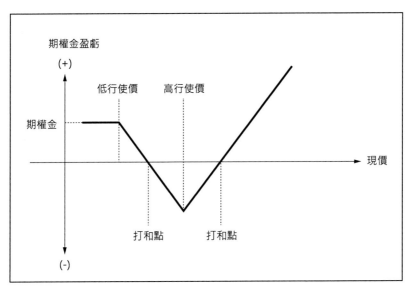

圖9.11a 反向比率認購期權組合

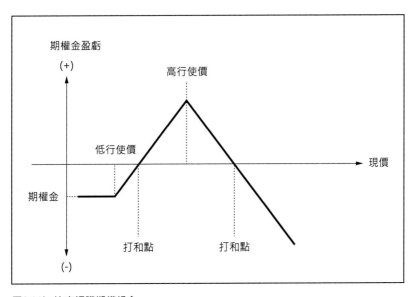

圖9.11b 比率認購期權組合

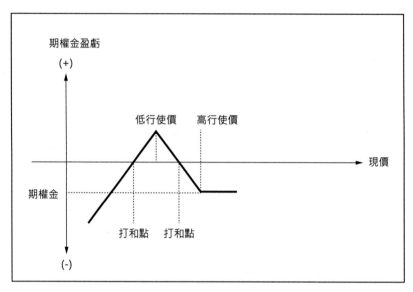

圖9.11c 比率認沽期權組合

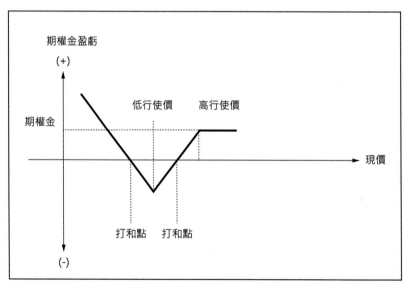

圖9.11d 反向比率認沽期權組合

期權策略總結

總括而言，期權買賣與現貨或期貨買賣不同之處在於：現貨或期貨最主要的考慮點在於市勢的方向及利息的收支，但期權買賣則必須考慮以下五點：

(1) 市勢的方向；

(2) 市場利率的升跌；

(3) 市場波幅的大小；

(4) 到期日的時間長短；

(5) 盈虧的機會（有限或無限）。

以下列出不同策略以供參考：

看好	看淡	不明方向
買入認購期權	沽空認購期權	馬鞍式
沽空認沽期權	買入認沽期權	勒束式
買入跨價認購期權組合	沽空跨價認購期權組合	蝴蝶式
沽空跨價認沽期權組合	買入跨價認沽期權組合	飛鷹式
反向比率認購期權組合	比率認購期權組合	—
比率認沽期權組合	反向比率認沽期權組合	—

看波幅上升	看波幅上跌	看波幅穩定
買入認購期權	沽空認購期權	跨價組合
買入認沽期權	沽空認沽期權	蝴蝶式
買入馬鞍式	沽空馬鞍式	飛鷹式
買入勒束式	沽空鞍束式	—
反向比率組合	比率組合	—

收取時間值	付出時間值	時間無影響
沽空認購期權	買入認購期權	跨價組合
沽空認沽期權	買入認沽期權	蝴蝶式
沽空馬鞍式	買入馬鞍式	飛鷹式
沽空勒束式	買入勒束式	—
比率組合	反向比率組合	—

期權市場的影響力

　　期權與期貨或現貨之間的關係，其實相當有趣。理論上，現貨市場應佔主導的地位，而期貨市場則只屬於一種由現貨合約衍生出來的產物。理論上，期貨價格的上落應緊密跟隨現貨市場的供求關係。不過，由於期貨合約為高度槓桿性的工具，因此，期貨市場發展至今，在不少產品合約上，其每日成交合約所代表的合約數量，都已經超過了現貨市場每日的成交量。換言之，期貨市場所反映出投資者對市價的預期，往往可以反過來影響現貨價格的走向。

　　至於期權方面，這種合約本身亦為現貨或期貨市場的一種衍生性產物，既可作為現貨期權，亦可作為期貨期權。同樣道理，雖理論上期權是受現貨或期貨的上落所影響，但由於期權市場日益壯大，投資者已逐步留意期權的到期日與行使價對於現貨及期貨走勢的影響力。

　　事實上，在某些重大關口的行使價上，由於市場會出現對沖盤的買賣，因此，在行使價上的買賣成交會特別活躍，亦加速市勢的發展。

　　另一種我們常見的現象是，市場經常會在期權到期日過後才出現單邊的市勢，換言之，在到期日前的一星期左右，市價通常會處於牛皮悶局之中，直至一批期權結算報銷為止。

到期日左右市場規律

期權市場的到期日往往會左右市場波動的規律，常見的現象是：在到期前一星期左右，市場會傾向牛皮上落，直至結算後，市勢才會再出現單邊的趨勢。對於這種現象，理由十分簡單：

(1) 如果你是投資大戶，準備大手入市，究竟選擇期權到期前，還是到期後入市呢？一般而言，如果在到期前入市，市價開始上升，原有認購期權的揸家可能選擇平倉獲利，因此，對市價升勢造成一定的壓力。相反，在期權到期後才入市，投資大戶便無後顧之憂。

(2) 如果你是期權莊家，手上有大量期權沽倉，又在某程度上短期左右市勢方向，則你會希望市價在期權到期前牛皮還是出現趨勢呢？明顯地，期權莊家多數希望維持市場窄幅上落，直至期權結算，賺取期權金。特別要注意的是，平價期權（ATM）的期權金到期前下跌的速度最快，有利期權沽家。

(3) 重要經濟消息——美國就業數據是在每月第一個星期五公布，因此，金融市場多數會在每月第一周牛皮上落，靜待消息公布。而這段時間亦剛好為美國貨幣期權的到期日前後，因此亦間接助長上述期權的現象。

跨期買賣（一）

期權結算日對市勢的影響雖然並非必然出現，但在過往經驗中，不少大市確實發生於期權結算之後，因此值得我們借鏡。

圖 9.12 反映期貨價在期權結算日前後的相對走勢圖，可供讀者參考。

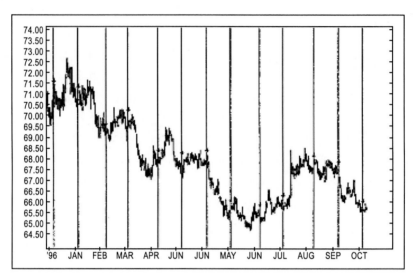

圖9.12　期貨與期權到期日

事實上，從期權理論的角度來看，即將到期的期權與未到期的期權相比，前者期權金每日所消耗的比後者為大，其中尤以平價期權（ATM）的相差最大，由此，市場亦產生了獲利的機會。

以下試舉一例：

投資者在9月20日預期期貨在10月份期權到期日7月4日前會在67.00水平左右維持牛皮上落，並希望套取未來兩個星期10月份行使價67.00認購期權下跌的利潤。不過，投資者亦不希望市勢的方向會影響其倉盤，於是，投資者選擇買入一套跨期認購期權組合（Calender Spread or Horizontal Spread）。

這套跨期組合由兩個不同月份的認購期權所組成，包括：

（1）沽空10月份行使價67.00認購期權

（2）買入11月份行使價67.00認購期權

跨期買賣（二）

跨期買賣的意義是套取不同月份期權之間的差價，從而獲取利潤，因此，跨期買賣理論上不包括對市場方向的看法。

以前述的例子，投資者沽空10月份67.00認購期權，並同時買入11月67.00認購期權，希望從中收取近月期權時間消耗的利潤。

以布力克·索爾斯期權定價模式計算，如果目前利率為5.1%，波幅率為5.5%，9月20日入市時馬克期貨為67.00，則上述期權的理論值為：

(1) 沽空10月份67.00認購期權：0.36

(2) 買入11月份67.00認購期權：0.80

9月20日買入上述跨期組合淨期權金為0.44。

若到10月份到期日10月4日之前一天，期貨價仍然維持在67.00，則上述期權的理論值如下：

(1) 沽空10月份67.00認購期權：0.08

(2) 買入11月份67.00認購期權：0.65

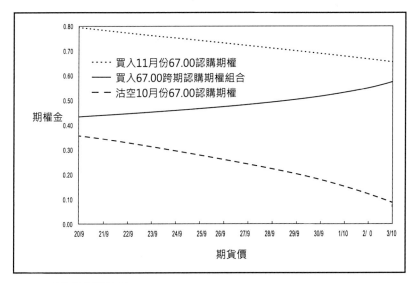

圖9.13 跨期認購期權組合

上述跨期組合淨期權金為 0.57，換言之，較 9 月 20 日買入跨期組合時的 0.44，賺取了 0.13，其中純為時間值消耗差距的利潤。（見圖 9.13）

跨期買賣（三）

事實上，跨期買賣的應用範圍甚廣，凡涉及兩種期權或以上的策略，皆可考慮應用。

除了以同一行使價，買賣近期及遠期期權的跨期買賣方法外，我們亦可以用不同行使價，買賣近期及遠期期權，以達跨期買賣之效。此種策略涉及兩個行使價及兩個到期日，稱為對角式跨期買賣（Diagonal Spread）。

假設：投資者在 8 月 15 日期貨收市報 67.37 時，預期期貨在 8 月中至 9 月初會牛皮上落，到 9 月期權結算後，才會在 9 月中展開下跌趨勢，並預期 10 月初期貨可下跌至 66.00 之下。

投資者在這段時間，可作兩種考慮：第一，買入 10 月份行使價 66.00 的認沽期權，當時要付出 0.17。第二，買入對角式跨期認沽期權組合，即沽空 9 月 6 日到期的 9 月份 67.00 認沽期權，並同時買入 10 月 4 日到期的 10 月份 66.00 認沽期權，前者收取 0.29，後者付出 0.17，淨收取 0.12。若投資者選取了跨期策略，其結果如下：

(1) 9 月 6 日到期，9 月 67.00 認沽期權下跌至 0.01

(2) 10 月 4 日到期，10 月 66.00 認沽期權上升至 0.45

綜合而言，跨期組合共賺 0.56，以期權每點 12.50 美元計，即 700 美元，而 66.00 認沽期權則只賺 0.28 或 350 美元。（見圖 9.14）

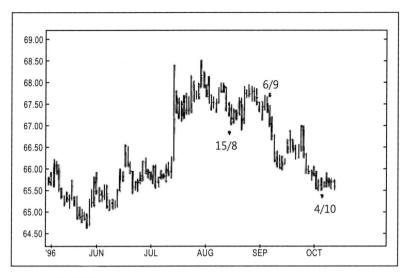

圖9.14　期貨走勢圖

跨期買賣（四）

　　若投資者希望採取一個對市勢較中立的立場，預期短期牛皮後，將可向上或向下突破，則投資者可採用一個跨期的蝴蝶式策略。

　　換言之，投資者可拋空一套近期的馬鞍式組合，以收取短期牛皮市況中，時間及波幅值下跌的利潤；同時，投資者可買入較遠期的勒束式期權策略，以捕捉市勢其後向上或向下突破所帶來的利潤。

　　假設：投資者在 8 月中預期期貨市勢會橫向發展，待 9 月 6 日期貨到期後才向上或向下突破，於是在 8 月 15 日沽空 9 月 6 日到期的馬鞍式策略：沽空 67.00 認購期權收 0.66，沽空 67.00 認沽期權收 0.29，共收取 0.95。

　　同時，投資者買入10月份66.00認沽期權及68.00認購期權，分別付出 0.17 及 0.63，共 0.80。

在 9 月 6 日到期日期貨收 67.04，9 月份 67.00 認購及認沽期權報 0.05 及 0.01，共賺 0.89，10 月份 66.00 認沽及 68.00 認購期權報 0.08 及 0.28，所買入的勒束式損失 0.44。綜合來説，到 9 月結算時，整套策略共賺取 0.45。

10 月 4 日到期時，66.00/68.00 勒束式值 0.45，比購入時的 0.80 跌 0.35，整套策略賺 0.54（0.89 - 0.35）。

跨期買賣（五）

對於跨期蝴蝶式策略，事實上，投資者可以有多種選擇，包括：

(1) 沽空近期馬鞍式組合，並買入遠期馬鞍式組合

(2) 沽空近期馬鞍式組合，並買入遠期勒束式組合

(3) 沽空近期勒束式組合，並買入遠期馬鞍式組合

(4) 沽空近期勒束式組合，並買入遠期勒束式組合

對上述四種跨期策略，投資者究竟應如何選擇呢？首先要考慮的是期權金的使費。沽空馬鞍式所收取的期權金會比勒束式為高，但風險會較大，因此，投資者要考慮，究竟對市況短期窄幅上落的信心有多大，才去選擇馬鞍式或勒束式。至於所買入的較遠期的期權策略，則馬鞍式所付出的期權金會比勒束式為高，但獲利機會較大。綜合而言，若我們將上面四種策略按風險程度比較，則：

(1) 沽空短期馬鞍式及買入遠期馬鞍式為高風險及高回報

(2) 沽空近期馬鞍式及買入遠期勒束式為中風險及中回報

(3) 沽空近期勒束式及買入遠期馬鞍式為中風險及中回報

(4) 沽空近期勒束式及買入遠期勒束式為低風險及低回報

跨期買賣（六）

以下引用上述期權在 8 月至 10 月的期權金變化作跨期買賣比較，數據如下：

日期	15/8	6/9	4/10
期貨價	67.37	67.04	65.55
9 月 68.00 認購期權	0.23	0	0
9 月 67.00 認購期權	0.66	0.05	0
9 月 67.00 認沽期權	0.29	0.01	0
9 月 66.00 認沽期權	0.09	0	0
10 月 68.00 認購期權	0.63	0.28	0
10 月 67.00 認購期權	1.16	0.77	0
10 月 67.00 認沽期權	0.42	0.30	1.45
10 月 66.00 認沽期權	0.17	0.08	0.45

(1) 沽空 9 月 67.00 馬鞍式，同時買入 10 月份 67.00 馬鞍式，8 月 15 日買入時付出 0.63（0.66＋0.29－1.16－0.42）。結算時，9 月期權賺 0.89；10 月期權蝕 0.13；淨賺 0.76。

(2) 沽空 9 月 67.00 馬鞍式及買入 10 月 66.00/68.00 勒束式。8 月 15 日買入時收取 0.15（0.66＋0.29－0.17－0.63）。結算時，9 月期權賺 0.89；10 月期權蝕 0.35；淨賺 0.54。

(3) 沽空 9 月 66.00/68.00 勒束式及買入 10 月 67.00 馬鞍式。8 月 15 日買入時付出 1.26（0.23＋0.09－1.16－0.42）。結算時，9 月份賺 0.32；10 月份蝕 0.13；淨賺 0.19。

(4) 沽空 9 月 66.00/68.00 勒束式及買入 10 月 66.00/ 68.00 勒束式。8 月 15 日買入時支出 0.48（0.23＋0.09－0.63－0.17）。結算時，9 月份賺 0.32；10 月蝕 0.35；淨蝕 0.03。（見圖 9.15）

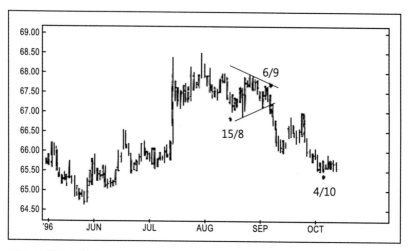

圖9.15　期貨走勢圖

跨期買賣（七）

跨期期權買賣有兩個主要名詞，第一是時間跨價期權組合（Time Spread），第二是跨期期權組合（Calendar Spread）。

所謂買入跨期組合，通常是指沽空近期平價期權（ATM），同時買入遠期平價期權。至於沽空跨期組合，則指買入近期平價期權，並同時沽空遠期平價期權。

若以期權金的盈虧圖形來看，買入跨期認購期權組合的圖形是一個背式跨期組合（Back Spread），而沽空跨期認購期權組合則為面式跨期組合（Front Spread）。

所謂背式組合，是指組合在平價時虧損最大，鐘形曲線向上，類似買入馬鞍式組合的曲線。

面式組合，是指組合在平價時獲利最大，鐘形曲線向下，類似沽空馬鞍式組合的曲線。換言之，買入跨期組合類似買入一套跨價比率認沽期權組合（Long Ratio Put Spread）或馬鞍式（Straddle）。

不過，有兩點主要分別是，買入馬鞍式是損失時間值，而買入跨期組合則收取時間值。另一個重要特點是，買入跨期組合是沽空波幅率；若波幅率下跌，跨期組合亦可賺取利潤，與馬鞍式剛好相反。（見圖 9.16）

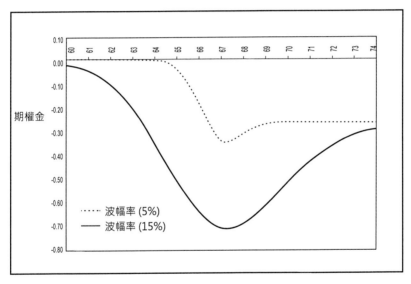

圖9.16 跨期買賣與波幅率變化

跨期買賣（八）

總結而言，如果投資者希望在近期的期權到期前賺取時間值及沽空波幅率，並預期市價可能會向上或向下波動，則投資者可買入一套跨期組合，即沽空近期平價認購期權，並買入遠期平價認購期權。

相反來説，如果投資者預期波幅率上升，而預期市價波動可能進一步收窄，並認為其中利潤大於時間值的損失，則投資者可沽空一套跨期組合，即買入近期的平價認購期權，並沽空遠期的平價認購期權。

綜合來説，跨期買賣時投資者要極之小心，尤其是波幅率的升跌對於期權金的影響。

有一點十分有趣的是，沽空跨期組合是看市價出現方向，通常市價出現方向時，波幅率均告上升；然而，買入跨期組合則是看波幅率下跌，互相有點矛盾。

不過，如果投資者見波幅率下跌，事實上，跨期組合的打和點，亦告收窄。

相反，如波幅率上升，市價出現方向，打和點亦告擴闊，因此，剛好平衡了風險與回報的機會。

第十章

比較期權與
認股權證市場

期權及認股權證本質上都是期權產品，合約條款大致相同，所不同者主要如下：

	期權	認股權證
上市方式	由交易所推出，在交易所買賣	由發行商推出的證券，在證券交易所上市買賣
結算對手	由結算所保證及結算	結算最終對手為發行商
合約條款	有多個合約月份及多個行使價供選擇	到期日及行使價由發行商釐定
沽空限制	投資者可以持有長倉或短倉	投資者只可持長倉，不可沽空

期權的報價方式是以指定資產的報價單位為基礎，股市指數期權的報價方式是指數點，股票期權的報價方式是每股期權的金額價值。

認股權證的結構則有所不同，權證會應用兌換比率將權證的報價轉換為每權證的金額價值。指數權證兌換比率的意思是，可認購（認沽）1個單位的指數行使價相關資產的權證數目。

例如恒指權證的條款如下：

- 每指數點的金融價值為 1 港元
- 行使價 18800 點
- 指相關資產是 18800 港元
- 權證兌換比率是 4600（每 4,600 份認購證可認購 18800 港元的指數相關資產）
- 權證價格是 0.15 元

將上述權證的價格其轉換為期權金的公式如下：

期權金 = 權證價格 × 權證兌換比率 ÷ 每指數點的港元價值

上述恒指認購權證的期權金（指數點）為：

期權金 = 0.15 × 4,600 ÷ 1 = 690

如要將恒指期權轉為相應權證的報價，方法如下：

- 期權每指數點的金融價值為 50 港元
- 行使價 18800 點
- 期權報價是 690 點
- 權證兌換比率是 4600（每 4,600 份認購證可認購 18800 港元的恒指相關資產）

將上述期權金轉換為權證價格的公式如下：

權證價格 = 期權金 ÷ 權證兌換比率 × 每指數點的港元價值

上述恒指認購權證的期權金（指數點）為：

期權金 = 690 ÷ 4,600 × 1 = 0.15 元

第十一章

股票期權與
股票掛鈎票據

股票掛鈎票據是現時流行的場外交易產品，受一般追求高息的投資者歡迎。

股票掛鈎票據的特點是，投資者可以收取比一般定期存款的利率為高的高息回報，但若指定的股價低於票據的指定價位，投資者便要以該價位買入上述股票。

投資者用以購買票據的資金是用以作為買入該股票的保證，有些銀行容許以孖展的形式投資股票掛鈎票據，以達到更高的槓桿比率。

投資者可以選擇有不同波幅的股票，並指定不同的買入價，而到期日有一周、兩周、一個月，兩個月或三個月不等，這些不同的因素決定息率回報的高低。

事實上，股票掛鈎票據是投資者與銀行訂立的沽出股票認沽期權的雙邊合約，投資者沽出股票認沽期權而收取的期權金，是以息率計算。

投資者需要承諾，若股價低於行使價，他會以行使價買入該股票。

(1) 期權金化準孳息

假設股票 A 股價為 65 元，每手股票 1,000 股。投資者沽出 1 個月期的股票 A 認沽期權，行使價 60 元，收取期權金每股 0.40 元。

將所收取的期權金化為息率，計算方法如下：

- 投資者收取期權金每股 0.40 元，1,000 股總數為 400 元
- 投資者承諾的股票買入價每股 60 元，1,000 股總數為 60,000 元
- 投資者實際存入的投資金額為 60,000 - 400 元，即 59,600 元
- 投資時期為 30 天

將上述回報化為準孳息年率，計算如下：

準孳息年率 =〔400 ÷ 59,600〕× 365 ÷ 30 ×100% = 8.17%

準孳息年率的通用計算公式如下：

準孳息年率 =［期權金 ÷（行使價 - 期權金）］×〔365 ÷ 到
期日數〕× 100 %

(2) 準孳息化期權金

相反，假設股票 A 股價為 65 元，每手股票 1,000 股。投資者買入一份股票掛鈎票據，條款如下：

- 準孳息年率 8.17%
- 股票指定買入價為 60 元
- 投資時期為 30 天

將上述準孳息年率回報化為期權金，計算如下：

期權金 = 59,600 ×（8.17% ÷100%）×（30÷365）= 400

期權金的通用計算公式如下：

期權金 =（行使價 － 期權金）×（準孳息年率 ÷100%）×
（到期日數 ÷365）

（註：上述計算未計投資者存入投資金額所收的利息）

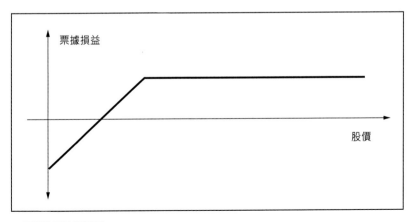

股票掛鈎票據損益圖

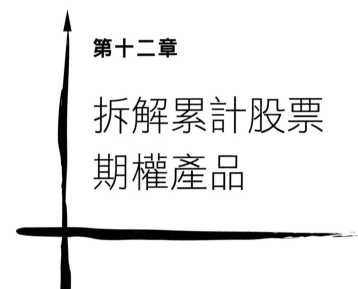

第十二章

拆解累計股票期權產品

近年在投資銀行及私人銀行財富管理方面，興起一種附有期權特色的結構性產品，名為累計股票期權（Accumulator）。此產品在牛市期間大行其道，吸引不少專業人士及投資者參與。究竟累計股票期權有何吸引之處，而能夠令眾多專業投資者樂此不疲？

累計股票期權產品的條款一般如下：

(1) 投資者可選定投資期，一般為 1 至 3 個月，甚至 1 年；

(2) 投資者可選定目標股票；

(3) 投資者可選定股票參考價；

(4) 若股價等於或高於參考價，投資者可每交易日以參考價買入目標股票（等於或低於市價），直至股價上升至觸及取消合約的價位水平；

(5) 若股價低於參考價，投資者亦需要每交易日以參考價買入目標股票（高於市價）。

在持續牛市之中，不少投資者都有一種長期投資於優質股的想法。最簡單的方法就是定期將收入買入優質股。不少銀行都有向客戶推出每月股票投資計劃，即定期以固定金額按市價買入指定的股票。累計股票期權產品容許投資者以低於市價每天買入心儀的股票，自然大有吸引力。在牛市之中，不少投資者都忽視股價下跌時，要以高於市價繼續買入指定股票的風險。

對於期權投資者而言，他們可以選擇用以下方法達致接近累計股票期權產品的目的：

- 買入一連串連續到期的價內股票認購期權合約，投資期內每天都有一個期權到期，若到期時股價高於認購行使價（即參考價），可以按行使價行使認購期權而買入正股（低於市價）。

不過，上述期權組合亦不能完全複製累計股票期權產品，原因是累計股票期權產品大多不需要投資者付出期權金，但上述期

權組合卻有所不能。價內股票認購期權的期權金一般較為昂貴，往往令投資者卻步。

若要降低資金的要求，期權投資者可以考慮以下方法：

- 同時沽空一連串連續到期的價外認沽期權合約，投資期內每天都有一個期權到期，若股價低於認沽行使價，期權被行使，需要以行使價（參考價）買入正股（高於市價）。沽空認沽期權收到的期權金可沖銷部分認購期權所需要的期權金成本。

不過，由於價內認購期權的期權金一般較價外認沽期權昂貴，由沽空認沽期權收到的期權金，並不可能完全沖銷認購期權所需要的成本。為了進一步減低投資者的資金投入，累計股票期權產品設計者用以下方法減低認購期權金的支出：

- 投資於附有到價即取消（Knock-out）特點的認購及認沽期權（取消的價位水平即累計股票期權的取消價），以減低期權金的支出；
- 沽空兩倍價外認沽期權，增加期權金的收入，以進一步沖銷認購期權所需要的成本，減低投資者的資金投入。換言之，若股價低於行使價，投資者要以行使價買入雙倍選定的股票。

累計股票期權產品大致上就是上述方法的混合體。累計股票期權產品所提供投資者的好處是：

(1) 投資者可以在指定時間內，用累進方式持續買入指定的股票；

(2) 若股價在產品的參考價之上，投資者可以按參考價低於市價買入正股；

(3) 若股價在產品的參考價之下，投資者亦需按參考價買入正股。

　　一般而言，投資者開始投資於累計股票期權產品時所選擇的參考價，多是低於市價，因此開始時，投資者是可以按行使價低於市價而買入正股，而不需要付出期權金。此點對於投資者而言十分有吸引力。

　　若投資者能夠維持長期投資策略，用累進方式持續買入指定的股票，並有足夠財力應付市場的波動，上述累計股票期權產品不失為一種投資策略上的工具。不過，投資者要清楚該產品對於資金上的潛在要求，量力而為，否則，若市場出現超乎尋常的波動，後果可以十分嚴重。

第十三章

香港期權市場

香港場內期權市場在九十年代開始起步。

1993 年 3 月 5 日香港期貨交易所推出首張指數期權合約：恒生指數 (HSI) 期權合約。

1995 年 9 月香港聯合交易所開始買賣股票期權，至今已有超過 100 隻香港藍籌股、中國股票及科技股的期權合約上市。

2004 年 6 月，香港期貨交易所推出恒生中國企業指數 (HSCEI) 期權。

2017 年 3 月 20 日，香港期貨交易所推出首隻美元兌人民幣匯率期權。

2019 年 9 月 16 日，香港期貨交易所推出每周到期的指數期權，包括恒生指數及恒生國企指數的每周指數期權合約。

2022 年 11 月 28 日，香港期貨交易所推出恒生科技指數 (HTI) 期貨期權合約。

恒生指數期權

恒生指數期權市場

恒生指數期權合約是香港交易所的第一種期權產品，自 1993 年上市以來，交易額逐年增加，恒生指數期權合約現已成為亞洲最活躍的期權合約之一。

恒生指數期權所根據買賣的恒生指數，是恒生指數有限公司所發布的香港股價指數。按合約規定，合約的價值是每指數點港幣 50 元正。（另外，香港交易所有小型恒指期權，每指數點港幣 10 元正。）

(1) 合約月份

50 港元一指數點的恒生指數期權分為三種：

第一種是每周到期的每周期權，

第二種是每月到期至一年的短期期權 (Short-Dated Option)，

第三種是一至五年內到期的長期期權 (Long-Dated Option)。

期權市場的運作：

每周期權合約包括現周及其後的一個周到期的合約，到期日是每周最後一個交易日。

每月短期期權合約月份包括現貨月，下三個月及其後的三個季月。

每月長期期權合約月份方面，則為短期期權月份之後的三個 6 月及 12 月合約，及再之後三個 12 月合約。

(2) 買賣時間

根據交易規則，恒生指數期權必須在香港期貨交易所的交易系統進行買賣，交易時間如下：

日市：上午時段：9:15 至 12:00
　　　下午時段：1:00 至 4:30；

夜市：下午 5:15 至零晨 3:00。

（到期合約月份在合約到期日收市時間是下午 4:00）

(3) 交易方式

· 電子交易方式進行。

(4) 到期日 (Expiration Day)

恒指期權的到期日為到期月份的最後第二個交易日。

(5) 期權金

期權金報價以完整指數點進行，最低價格波幅為一個指數點，其價值為期權金指數點乘以港幣 50 元：

期權價值 = 期權點數 ×$50

（若為小型恒指期權，期權價值 = 期權點數 ×$10）

(6) 行使方式

恒指期權所採取的是歐式期權行使方式，即期權持有者只可以在到期日才行使期權的權利。不過，期權的價值每日隨市場波動而上落，投資者可決定隨時在交易日內在市場中買入或沽出期權，因此，歐式行使方式實際上並不妨礙期權買賣。

(7) 行使價 (Strike Prices)

恒生指數期權分為多個行使價，每月短期期權劃分方式按以下規定：

(i) 恒生指數 0 至 2000 點 ：行使價區間為 50 點

(ii) 恒生指數 2000 至 8000 點 ：行使價區間為 100 點

(iii) 恒生指數 8000 點之上 ：行使價區間為 200 點

每周及每月短期期權及小型期權：

指數 < 5,000；行使價區間為 50；

指數 ≥ 5,000 至 < 20,000；行使價區間為 100；

指數 ≥ 20,000；行使價區間為 200

每月長期期權：

指數 < 5,000；行使價區間為 100

指數 ≥ 5,000 至 < 20,000；行使價區間為 200

指數 ≥ 20,000；行使價區間為 400

在每一個新合約開始時，通常在現貨指數的行使價區間之外上下 10% 會有行使價區間。此外，當市場上落時，交易所會因應市價的變化而增加行使價區間。

(8) 結算 (Settlement)

結算日 (Settlement Day)：結算日是每合約月份的最後一個營業日。

正式結算價 (Official Settlement Price)：正式結算價是結算公司根據恒生指數有限公司在到期日計算的每五分鐘恒指的平均價整數而制定，俗稱 EAS (Estimated Average Settlement)。

結算形式：

恒指期權是以現金結算。結算公司會將所有到期的未平倉合約按期權的內在值結算，未有內在值的期權將報銷；而存在內在值的期權則將會自動行使，其中結算價與期權行使價之間的差價的價值將折算為現金以作交收。

對於所有在到期日被行使的期權。持有人須繳付港幣 10 元正的行使費用。

(9) 大量未平倉合約 (Large Open Position)

交易規則規定，會員或客戶若持倉超過所規定的數量，會員有責任向交易所作出申報。現時，若客戶持有同一系列期權未平倉合約 500 張或以上，會員將需作出申報。

（10）交易費用

每次期權買賣，客戶必須支付兩項交易費用（每邊計）：交易所費用及證監會徵費。

（11）經紀佣金： 客戶買賣期權必須支付的佣金，以商議決定。

（12）微值交易價（Cabinet Trade）

若以 1 點交易，無需繳付每張合約交易費用，但需要繳付所有徵費。

（13）按金要求

按金戶口客戶可以買入或沽空期權，而客戶不需要支付期權金的全部，而只需要交付經紀行所要求的按金。

結算公司會假設收市時每一個倉盤都以正式報價（Official Quotation Price）平倉，而期權倉的盈虧便會以客戶入市價及收市後的正式報價計算，盈虧會在期權買家及沽家之間轉調，這稱為盈虧調整（Variation Adjustment），客戶必須按盈虧調整後的要求繳付按金。

（14）按金的計算

結算規則要求會員與客戶的資金分開處理。因此，在結算公司的帳戶裡面，每經紀行都至少有兩種戶口，一種是會員戶口（House Account），而另一種是客戶戶口（Client Account）。此外，有些經紀行亦有註冊期權莊家戶口（Registered Trader's Account）。結算公司向經紀行收取按金方面，對於會員戶口、客戶戶口及註冊期權莊家戶口。

結算系統 DASS 用以計算按金的方法稱為 PRIME (Portfolio Risk Margining System of HKEX)。至於經紀行向客戶收取按金方面，結算公司用以計算按金的方法稱為 SPAN (Standard Portfolio Analysis of Risk)。上述 SPAN 風險計算軟件是由美國芝加哥商業交易所 (CME) 所開發。

在上述按金計算中，由於結算公司每日都作盈虧調整，所以結算公司所計算的風險只為一個交易日的風險而已，而按金亦按一個交易日可能出現的市場風險而釐定。

(15) 經紀行收取客戶按金

在計算客戶倉盤每日所需按金時，SPAN 主要計算市價上落的可能幅度及市場波幅率上升或下跌對客戶倉盤的影響，兩者的參數分別為：

(i) 按金間距 (Margin Interval)

(ii) 波幅差價 (Volatility Spread)

「按金間距」是由結算公司根據當時市況而釐定，隨時可作出修改。若結算公司用 1600 點，即以市價比上個交易日收市價上升 1600 點或下跌 1600 點為計算基礎。

「波幅差價」亦是由結算公司根據市場波動程度而釐定，隨時可作修改。若結算公司用 4%，即計算市場波幅率上升 4% 或下跌 4% 對於客戶所持倉盤的影響。

SPAN 計算按金是應用布力克·索爾斯期權定價模式 (Black-Scholes Option Pricing Model)，按上述所訂可能出現的市場波動，計算客戶倉盤的期權金理論值，從而計算倉盤可能出現的風險。

（16）結算公司對經紀行的會員戶口、註冊期權莊家戶口及客戶戶口的按金要求

結算公司對經紀行的會員戶口、註冊期權莊家戶口及客戶戶口的按金要求按另一套風險計算系統計算：

PRIME (Portfolio Risk Marginign System Of HKEX)

（17）市場運作

香港期貨交易所的恒指期權買賣是實行莊家制度，所謂莊家 (Market Makers)，乃屬「註冊期權莊家」(Registered Trader) 的戶口類別，這類人士只可為自己的戶口進行買賣，不能代客或代公司買賣，莊家有責任根據交易所的規定而作出恒指期權的買入及賣出的實盤報價。

恒生中國企業指數期權

港交所於 2004 年已推出恒生中國企業指數期權（國企指數期權），相關指數是恒生中國企業指數。國企指數反映香港交易所上市的中國企業大型股的表現，包含 H 股，民企股及紅籌股。H 股是指在中國內地註冊而在香港上市的中央政府企業或地方政府企業。

民企股是指中國內地註冊的民營企業而在香港上市。紅籌股是指海外註冊的企業持有內地業務而在香港上市的企業。

恒生中國企業指數期權每點亦為港幣 50 元，其合約安排大致與恒指期權相同。香港交易所有小型國企指數期權，每指數點港幣 10 元。

國企指數期權合約月份如下：

50 港元一指數點的國企指數期權分為三種：

第一種是每周到期的每周期權，

第二種是每月到期至一年的短期期權（Short-Dated（Option），

第三種是一至五年內到期的長期期權（Long-Dated Option）。

國企指數期權合約的條款大致上與恒指期權的合約條款一致。

恒生科技指數期權

港交所於 2022 年推出恒生科技指數期權（科指期權），相關指數是恒生科技指數（科指）。

恒生科技指數是追蹤香港上市的 30 隻大型科技股。

科指期權的標的是科指。交易代碼：HTI

合約乘數是每指數點港幣 50 元。

合約月份：
短期期權：現月、下三個月及之後的三個季月。
長期期權：短期期權之後的三個 6 月及 12 月合約月份。

其他的合約條款與恒指期權的相約。

香港股票 / ETF 期權市場

股票 / ETF 期權合約讓投資者用低廉期權金達到槓桿股票 / ETF 投資目的。讓投資者對沖股價風險，亦透過沽空期權購取期權金。投資者亦可在正股與期權市場之間套利。

香港股票期權在香港聯合交易所買賣，分為認購期權（Call）及認沽期權（Put）。投資者可參與買入或沽空。

聯交所發行的股票期權，一般選擇市值及流通量大的正股為對象，大部分是香港上市的藍籌股、紅籌股，大型國企股及民企股。目前已達 100 種期權合約推出。

香港股票 /ETF 期權合約細則

合約股數： 與正股每手的股數相同或倍數。

報價方式： 每股的期權金（港元）

最低價格波幅： 港幣 $0.01

合約月份： 現月，下兩個月，及之後的兩個季月

交易時間： 上午 9:30 至 12:00；下午 1:00 至 4:00。

最後交易日： 合約月份的最後第二個交易日。

最後結算日： 最後交易日之後的交易日。

最後結算價： 正股於最後交易日的收市價。

結算方法： 正股交收及現金結算。

行使價： 按正股價位大小而定，其間距分前 A 組或 B 組。

價外行使價，隨正股市價的波動，新的行使價會由交易所陸續加上。

行使期權方式： 美式，期權持有人在期權到期前，可隨時行使權利，以正股作交收。至於已沽空期權者，若經紀行電腦隨機抽籤被抽中，則有責任以行使價交收正股。

交易方式： 電子交易。

股票 / ETF 期權市場運作

莊家制度

股票期權市場推行莊家制度，以加強市場的流動性。莊家所開的價是買入及賣出的有效限價盤，會員可透過電子交易系統要求莊家開價，另外，亦有莊家提供持續報價。

由於莊家的運作包含風險，莊家的部分交易費用是得到豁免的，而莊家在股票現貨市場進行買賣以作對沖。股票交易印花稅亦得到豁免。

期權每日結算價及按金計算

投資者若買入股票期權，只要向經紀行支付期權金便可完成責任。相反，若投資者沽空股票期權，則需要一直承擔交收的責任至合約結算。因此，投資者要向經紀行支付按金以保證履行責任。

期權金的價值由市場買賣成交時決定，而按金則由交易所的風險計算系統計算。

交易所的期權風險計算系統是計算客戶所持期權的正股，在波幅上落某個百分比後，對期權持倉在理論值上所引起的最大損失。經紀行可要求較大的按金以保障風險。

客戶買賣協議

投資者要進行香港股票期權買賣必須透過香港聯合交易所的期權交易參與者進行，交易參與者必須以電腦系統連接期權交易及結算系統，並為期權結算所會員，或已與全面結算會員有結算的安排。

在開戶時，客戶必須簽署「客戶協議書」(Client Agreement) 或「風險披露聲明」(Risk Disclosure Statement)，並在經紀行存放指定金額作為按金。

股票/ETF期權交易收費

股票期權買賣暫免收證監會的交易徵費 (Transaction Levy) 及印花稅 (Stamp Duty)。經紀佣金由商議決定。另外，交易所按每合約收取交易費用。

期權合約的資本調整

當正股宣布公司行動，例如拆細，合股，供股、送紅股，特別股息，分拆上市等，交易所會宣布合約數量及行使價相應調整的詳情，但普通派息則不會作出調整。

若正股宣布停牌，期權買賣活動亦將告停止。期權在停牌期間仍可行使，交收由現貨結算系統進行。

若期權在停牌期間到期或正股取消上市，交易所將公佈有關合約的處理安排。

美元兌人民幣期權

2017年香港期貨交易所推出首隻美元兌人民幣滙率期權，為市場提供管理美元兌人民幣滙率風險的對沖工具。

美元兌人民幣期權合約條款如下：

交易代碼： CUS

合約金額： 100,000 美元

報價方式： 每美元兌人民幣的期權金為四個小數位
（如 0.0001）

每價位值： 人民幣 10 元

交易時間： 香港時間上午 8:30 至下午 6:30（最後交易日
的交易時間為上午 8:30 至 11:00）

合約月份： 現月、下三個月及之後的六個季月。

行使方式： 歐式

行 使 價： 行使價間距為 0.05

正式結算價： 香港財資市場公會於到期日上午 11:30 左右
公佈的美元兌人民幣（香港）即期匯率。

結算方式： 行使時或結算時以合約金額交收。

(a) 行使認購期權者，要以最後結算價買入合約價值的美元，
並沽出合約價值的人民幣。

(b) 沽出認購期權者，要以最後結算價沽出合約價值的美元，
並買入合約價值的人民幣。

(c) 行使認沽期權者，要以最後結算價沽出合約價值的美元，
並買入合約價值的人民幣。

(d) 沽出認沽期權者，要以最後結算價買入合約價值的美元，
並沽出合約價值的人民幣。

最後結算日： 合約月份的第三個星期三。

到 期 日： 最後結算日之前兩個交易日。

假期安排： 香港假期

第十四章

中國期權市場

中國於 2019 年開始股指期權市場，作為投資者的風險管理對沖工具。同年，亦開展了交易所買賣基金（ETF）的期權合約交易，成為股票期權的開路先鋒。

中國金融期貨交易所於 2019 年 12 月 23 日推出滬深 300 股指期權，成為中國最活躍的期權合約。

滬深 300 指數是追蹤中國滬深股市 300 只具有代表性的成份股，覆蓋滬深兩市 A 股的流通市值超過 70%。

同時，上海證券交易所（上交所）於 2019 年 12 月 23 日推出滬深 300 ETF 期權合約，標的為華泰柏瑞滬深 300ETF（代碼：510300）。

深圳證券交易所（深交所）亦於 2019 年 12 月 23 日推出滬深 300ETF 期權合約，標的為嘉實滬深 300ETF（代碼：159919）。

上述發展，形成掛鈎滬深 300 指數的現貨，期貨及期權的鐵三角，有利投資，風險管理及套利的市場，使市場價格更為合理，強化流通量。

對於 A 股大盤股，中國金融期貨交易所於 2022 年 12 月 19 日推出上證 50 指數期權。

對於 A 股中盤股，上海證券交易所於 2022 年 9 月 19 日推出中證 500ETF 期權合約（代碼：510500）。

中證 500 指數是反映 A 股首 300 只股票以外的 500 只股票的中盤股票的走勢。

對於 A 股小盤股，中國金融期貨交易所於 2022 年 7 月 22 日推出中證 1000 股指期權合約。

中證 1000 指數是 A 股小盤板塊的市場基準，即 A 股市場首 300 隻大盤股及 500 只中盤股以外的 1000 隻小盤股。

滬深 300 股指期權合約

滬深 300 股指期權合約的條款如下：

合約標的：滬深 300 指數

合約乘數：每點人民幣 100 元

合約類型：看漲（認購）期權、看跌（認沽）期權

報價單位：指數點

最小變動價：0.2 點

每日價格最大波動限制：上一交易日滬深 300 指數收盤價
的 ±10%

合約月份：當月、下 2 個月及隨後 3 個季月

行權價格：行權價格覆蓋滬深 300 指數上一交易日收盤價
上下 10% 對應的價格範圍；

對當月與下 2 個月合約：

行權價格 ≤2500 點時，行權價格間距為 25 點；

2500 點 < 行權價格 ≤5000 點時，行權價格間距為 50 點；

5000 點 < 行權價格 ≤10000 點時，行權價格間距為 100 點；

行權價格 >10000 點時，行權價格間距為 200 點

對隨後 3 個季月合約：

行權價格 ≤2500 點時，行權價格間距為 50 點；

2500 點 < 行權價格 ≤5000 點時，行權價格間距為 100 點；

5000 點 < 行權價格 ≤10000 點時，行權價格間距為 200 點；

行權價格 >10000 點時，行權價格間距為 400 點

行權方式：歐式

交易時間：9:30-11:30；13:00-15:00

最後交易日：合約到期月份的第三個星期五，遇國家法定假
　　　　　　日順延

到 期 日：同最後交易日

交割方式：現金交割

交易代碼，看漲期權：IO 合約月份-C-行權價格；
　　　　　　看跌期權：IO 合約月份-P-行權價格

中證 1000 股指期權

　　中國金融期貨交易所的中證 1000 股指期權合約於 2022 年 7 月 22 日上市，中證 1000 股指期貨合約於同日上市。中證 1000 指數是 A 股小盤板塊的市場基準。是小盤股的對沖工具。中證 1000 股指期權合約如下：

中證 1000 股指期權合約條款

合約標的物：中證 1000 指數

合約乘數：每點人民幣 100 元

合約類型：看漲期權、看跌期權

報價單位：指數點

最小變動價：0.2 點

每日價格最大波動限制：上一交易日中證 1000 指數收盤價
的 ±10%

合約月份:

當月、下 2 個月及隨後 3 個季月

行權價格:行權價格覆蓋中證 1000 指數上一交易日收盤價
上下浮動 10% 對應的價格範圍,

對當月與下 2 個月合約:

行權價格 ≤2500 點時,行權價格間距為 25 點;

2500 點 < 行權價格 ≤5000 點時,行權價格間距為 50 點;

5000 點 < 行權價格 ≤10000 點時,行權價格間距為 100 點;

行權價格 >10000 點時,行權價格間距為 200 點

對隨後 3 個季月合約:

行權價格 ≤2500 點時,行權價格間距為 50 點;

2500 點 < 行權價格 ≤5000 點時,行權價格間距為 100 點;

5000 點 < 行權價格 ≤10000 點時,行權價格間距為 200 點;

行權價格 >10000 點時, 行權價格間距為 400 點

行權方式: 歐式

交易時間: 9:30-11:30,13:00-15:00

最後交易日:合約到期月份的第三個星期五,遇國家法定假
日順延

到 期 日:同最後交易日

交割方式:現金交割

交易代碼:看漲期權:MO 合約月份-C-行權價格;
看跌期權:MO 合約月份-P-行權價格

上證 50 股指期權

2022 年 12 月 19 日，上證 50 股指期權在中國金融期貨交易所上市。與上證 50 股指期貨、上證 50ETF 期權形成投資，對沖，套利的鐵三角。

上證 50 股指期權合約如下：

上證 50 股指期權合約條款

合約標的物：上證 50 指數

合約乘數： 每點人民幣 100 元

合約類型： 看漲期權、看跌期權

報價單位： 指數點

最小變動價位：0.2 點

每日價格最大波動限制：上一交易日上證 50 指數收盤價的
±10%

合約月份： 當月、下 2 個月及隨後 3 個季月

行權價格： 行權價格覆蓋上證 50 指數上一交易日收盤價上
下浮動 10% 對應的價格範圍

對當月與下 2 個月合約：

行權價格 ≤2500 點時，行權價格間距為 25 點；
2500 點 < 行權價格 ≤5000 點時，行權價格間距為 50 點；
5000 點 < 行權價格 ≤10000 點時，行權價格間距為 100 點；
行權價格 >10000 點時，行權價格間距為 200 點

對隨後 3 個季月合約：

行權價格 ≤2500 點時，行權價格間距為 50 點；

2500 點 < 行權價格 ≤5000 點時，行權價格間距為 100 點；

5000 點 < 行權價格 ≤10000 點時，行權價格間距為 200 點；

行權價格 >10000 點時， 行權價格間距為 400 點

行權方式：歐式

交易時間：9:30-11:30，13:00-15:00

最後交易日：合約到期月份的第三個星期五，遇國家法定假
　　　　　 日順延

到 期 日 ：同最後交易日

交割方式：現金交割

交易代碼：看漲期權：HO 合約月份-C-行權價格；
　　　　　看跌期權：HO 合約月份-P-行權價格

上證 50ETF 期權合約條款

合約標的：上證 50 交易型開放式指數證券投資基金（"華夏
　　　　　上證 50ETF"）

合約類型：認購期權和認沽期權

合約單位：10000 份

合約到期月份：

當月、下月及隨後兩個季月

行權價格：9 個（1 個平值合約、4 個虛值合約、4 個實值合約）

行權價格間距：

3 元或以下為 0.05 元；

3 元至 5 元為 0.1 元；

5 元至 10 元為 0.25 元；

10 元至 20 元為 0.5 元；

20 元至 50 元為 1 元；

50 元至 100 元為 2.5 元；

100 元以上為 5 元。

行權方式：歐式（到期日行權）

交割方式：以股票交割

到 期 日：到期月份的第四個星期三。

行 權 日：同合約到期日，行權指令提交時間為 9:15-9:25，
9:30-11:30，13:00-15:30

交 收 日：行權日次一交易日。

交易時間：

上午 9:15-9:25，9:30-11:30（開盤集合競價時間：9:15-9:25）；

下午 13:00-15:00

（收盤集合競價時間：14:57-15:00）

最小報價單位：0.0001 元

申報單位：1 張或其整數倍

漲跌幅限制：

認購期權最大漲幅：max { 合約標的前收盤價 ×0.5%，min
[（2× 合約標的前收盤價－行權價格），合約標的前收盤
價]×10% }

認購期權最大跌幅： 合約標的前收盤價 ×10%

認沽期權最大漲幅： max｛行權價格 ×0.5%，min［（2×
行權價格－合約標的前收盤價），合約標的前收盤
價］×10%｝

認沽期權最大跌幅： 合約標的前收盤價 ×10%

熔斷機制：

連續競價期間，期權合約盤中交易價格較最近參考價格漲跌
幅度達到或者超過 50% 且價格漲跌絕對值達到或者超過 10 個最
小報價單位時，期權合約進入 3 分鐘的集合競價交易階段。

開倉保證金最低標準：

認購期權義務倉開倉保證金＝［合約前結算價 +Max（12%×
合約標的前收盤價 - 認購期權虛值，7%× 合約標的前收盤
價）]× 合約單位

認沽期權義務倉開倉保證金 = Min[合約前結算價 +Max
（12%× 合約標的前收盤價 - 認沽期權虛值，7%× 行權價
格），行權價格］× 合約單位

維持保證金最低標準認購期權義務倉維持保證金＝［合約結
算價 +Max（12% × 合約標的收盤價 - 認購期權虛值，7%×
合約標的收盤價）]× 合約單位

認沽期權義務倉維持保證金 = Min[合約結算價 +Max
（12%× 合標的收盤價 - 認沽期權虛值，7%× 行權價格），
行權價格]× 合約單位

商品期權

中國商品期貨市場發展了活躍的期貨期權市場，期權合約的標的是相應的商品期貨合約。

上海期貨交易所（上期所）的期貨期權產品包括：
　　黃金期權
　　白銀期權
　　銅期權
　　鋁期權
　　鋅期權
　　螺紋鋼期權
　　天然橡膠期權

上海國際能源交易中心（能源中心）期權產品
　　原油期權

大連商品交易所（大商所）期權產品
　　豆粕期權
　　玉米期權
　　鐵礦石期權
　　棕櫚油期權
　　聚丙烯期權
　　聚氯乙烯期權
　　線型低密度聚乙烯期權
　　液化石油氣期權
　　黃大豆 1 號期權
　　黃大豆 2 號期權
　　豆油期權

鄭州商品交易所（鄭商所）期權產品

　　動力煤期權

　　棉花期權

　　白糖期權

　　菜粕期權

　　菜籽油期權

　　花生期權

　　精對苯二甲酸（PTA）期權

　　甲醇期權

第十五章

美國期權市場

　　美國場內期權市場始於芝加哥期權交易所 (Chicago Broad Option Exchange, CBOE) 於 1973 年開業，最先經營認購期權及十六種所指定的個股，於 1977 年，市場才開始買賣認沽期權。至今已有超過三千個股或 ETF 的期權上市交易。

　　目前美國共有超過十多間期權交易所，經營股指，個股，ETF 等期權交易，主要包括：

芝加哥期權交易所旗下的：

　　Cboe Exchange, Inc.

　　Cboe C2 Exchange, Inc.

　　Cboe BZX Options Exchange

　　Cboe EDGX Options Exchange

紐約證券交易所旗下的：

　　NYSE American Options

　　NYSE Arca Options

納斯特克交易所旗下的：

　　Nasdaq Options Market

　　Nasdaq PHLX LLC

　　Nasdaq ISE

　　Nasdaq GEMX

　　Nasdaq MRX

　　Nasdaq BX

MIAX 交易所集團 (Miami International Holdings, Inc.) 旗下的：

　　MIAX Emerald, LLC

　　MIAX Options Exchange

　　MIAX PEARL, LLC

　　BOX Exchange LLC

美國期權結算

美國期權交易所的結算主要統一於美國期權結算公司（The Options Clearing Corporation, OCC）。

OCC 成立於 1973 年，為期權、期貨和證券借貸交易提供清算和結算服務。OCC 擁有 100 多家清算會員，為交易所和交易平台提供中央對手方（CCP）清算和結算服務。

OCC 的監管機構是美國證券交易委員會 Securities and Exchange Commission (SEC)、美國商品期貨交易委員會 Commodity Futures Trading Commission (CFTC) 和美國聯儲局。

OCC 通過期權行業委員會 (OIC) 向公眾提供期權教育。

芝加哥期權交易所期權產品：

在 1983 年，芝加哥期權交易所首次推出標準普爾 500 (SPX) 指數期權，成為全美最活躍的指數期權。

長期期權方面，1990 年芝加哥期權交易所推出長期證券期權 (Long-term Equity Anticipation Securities. LEAPS)，此種期權到期時間長達三年，為長線投資者提供類似認股證的買賣品種。

對於機構投資者的風險管理需要，1993 年芝加哥期權交易所開始「靈活」期權 (FLEX Option) 的買賣，若交易額在 1,000 萬美元之上，買賣雙方可自由訂定期權合約的細則。

短期期權方面，芝加哥期權交易所已開始了每周到期的期權 (Weekly Option) 的買賣，讓投資者交易短線市場機會。

發展至今，芝加哥期權交易所推出多種期權產品：

美國股指期權

標普 500 指數產品：
　　標普 500 (SPX) 期權合約
　　小型標普 500 (Mini SPX) 期權合約
　　ESG SPX 期權合約

標普 500 波幅率 Volatility 期權產品：
　　標普 500 波幅率 VIX 期權合約

標普 100 指數產品：
　　S&P 100 (OEX) 期權合約

小盤股羅素 1000 (Russell 1000) 指數期權產品：
　　Russell 1000 期權合約

道瓊斯指數期權產品：
　　道瓊斯指數 DJX 期權合約

行業指數 (Sectors Indices) 期權產品。

國際指數期權產品：
　　MSCI 指數期權合約

CBOE 標準普爾 500 指數

(Standard & Poor's 500 Index) 期權合約條款

標的：標準普爾 500 指數，是美國上市的 500 種股票的市值加權指數。

交易代碼：標準合約：SPX

合約乘數：標準合約每指數點為 100 美元。

交易時間：

正常交易時間：芝加哥時間上午 8:30 至下午 15:15。

延長交易時間：芝加哥時間晚上 19:15 至上午 8:15 分。

期權金最低報價：

低於 $3.00 的期權，最低報價為 $0.05；

$3.00 以上的期權，最低報價為 $0.10。

行 使 價： 價內、平價和價外行使價，交易所會按市價添加
新行使價系列。行使價區間：近月為 5 指數點，
遠月為 25 指數點。

合約月份：最多 12 個近期月份。最多 10 個 LEAPS 長期月
份（12 至 60 個月）。

最後交易日： 計算行使結算價值的前一個工作日（通常是
星期四）。

到 期 日：到期月份的第三個星期五。

行使方式：歐式，在到期日行使。

結算方式：現金結算

結 算 價： 到期日每個成分股在一級市場的開盤價計算出
來的標普 500 指數。

行權結算金額：結算價與期權行使價之差乘合約乘數。

持倉限額和行權限制：沒有持倉限額和行權限制。

美國個股及 ETF 期權：

美國已推出超過三千種個股，交易所買賣基金(ETF) 的期權
合約，成全球最大的期權市場。

目前，最活躍的是 ETF 期權，

ETF 期權是美式期權，在到期前可行使，以行使價作正股交
收。活躍的 ETF 期權包括：

- SPDR 標普 500 指數 ETF (SPY)
- SPDR 道瓊斯指數 ETF (DIA)
- Invesco 納斯達克 100 指數 ETF (QQQ)
- iShares 羅素 2000 指數 ETF (IWM)
- SPDR Gold Shares ETF (GLD)
- iShares 白銀 ETF (SLV)

隨著 ETF 市場發展，槓桿及反向 ETF 大行其道，美國期權市場亦推出了這一類 ETF 的期權，成為衍生產品之上的衍生產品，即證券化的對沖產品的對沖產品，亦可應用作槓桿之上的槓桿。

槓桿 (做多)ETF：

ProShares 標普 500 指數兩倍做多 ETF (SSO)
ProShares 標普 500 三倍做多 ETF (UPRO)
ProShares 道指 30 三倍做多 ETF (UDOW)
ProShares 納斯達克指數三倍做多 ETF (TQQQ)
Direxion 羅素 2000 指數三倍做多 ETF (TNA)
ProShares 黃金 兩倍做多 ETF (UGL)
ProShares 白銀兩倍做多 ETF (AGQ)

反向 (做空)ETF：

ProShares 標普 500 三倍做空 ETF (SPXU)
ProShares 道指 30 三倍做空 ETF (SDOW)
ProShares 納指 三倍做空 ETF (SQQQ)
ProShares 羅素 2000 指數兩倍做空 ETF (TWM)
ProShares 黃金 兩倍做空 ETF (GLL)
Proshares 白銀 兩倍做空 ETF (ZSL)

CBOE 股票 /ETF 期權合約條款

標的：美國上市的股票

合約乘數：100 股。

交易時間：
芝加哥時間上午 8:30 至下午 15:00。

期權金最低報價：
低於 $3.00 的期權，最低報價為 $0.05；
$3.00 以上的期權，最低報價為 $0.10。

行 使 價： 價內、平價和價外行使價，交易所會按市價添加新行使價系列。行使價區間：股價 $5-$25，期權行使價區間 $2.5；

股價 $25-$200，期權行使價區間 $5；

股價 >$200，期權行使價區間 $10。

合約月份： 2個近期月份及2個一月，二月或三月季月周期。

最後交易日：到期日收市時間。

到 期 日： 到期月份的第三個星期五。

行使方式： 美式，在到期日前可行使。

結算方式： 行權後兩交易日後以正股交收結算

結 算 價：到期日收市時，價外期權的結算價為 $0，價內期權會被以行使價行使。

行權結算金額：期權行使價乘合約乘數。

持倉限額和行權限制:有持倉限額和行權限制,參交易規則。

持倉申報要求：持倉 200 張合約或以上需要申報。

美國期貨期權市場

美國芝加哥商業交易所集團 (芝商所)(CME) 透過收購合併，現成美國最大的期貨，期權市場，期權是期貨合約的期權合約。現芝商所集團有以下旗下的交易所：

CME：美國芝加哥商業交易所
(Chicago Mercantile Exchange, CME)

CBOT：芝加哥期貨交易所
（Chicago Board of Trade, CBOT）

COMEX：商品交易所 (Commodity Exchange, COMEX)

NYMEX：紐約商品交易所
（New York Mercantile Exchange, NYMEX）

芝商所的交易平台包括場內公開叫價交易 (Floor)，電子交易平台 (Globex)，結算的平台是 (ClearPort)。

芝商所期貨期權產品

股指類期貨期權產品：

標普 (S&P) 指數期貨期權
道瓊斯 (Dow Jones) 指數期貨期權
納斯達克 (Nasdaq) 指數期貨期權
羅素 (Russell) 指數期貨期權
美國行業指數期貨期權
國際指數期貨期權

利率及債券類期貨期權產品：

短期利率 (Stirs)
國債期貨期權 (Treasury)

貨幣期貨期權

    G7 已發展國家貨幣期貨期權

    交叉盤匯率期貨期權

    新興國家貨幣期貨期權

    加密貨幣

金屬期貨期權

    貴金屬期貨期權

    有色金屬期貨期權

    含鐵金屬期貨期權

    電池金屬期貨期權

能源產品期貨期權：

    原油 (Crude Oil)

    天然氣 (Natural Gas)

    煤炭 (Coal)

    石化產品 (Petrochemicals)

    電力 (Electricity)

    排放權 (Emissions)

    生物燃料 (Biofuels)

    貨運 (Freight)

農產品期貨期權產品：

    商品指數 (Commodity Indices)

    五穀雜糧 (Grains)

    油籽 (Oilseeds)

    家畜 (Livestock)

    奶製品 (Dairy)

    乳製品現貨 (Dairy Spot)

    木材 (Lumber)

    肥料 (Fertilizer)

芝商所迷你標普 500 期權

芝商所最活躍的期權合約之一是 E 迷你標普 500 期權。該合約的標的是 E 迷你標準普爾 500 指數期貨合約。

芝商所迷你標普 500 期權合約條款

標的：1 份 E- 迷你標普 500 期貨。

合約乘數：每指數點為 50 美元。

期權金最低報價：
期權金 > 5.00 指數點，期權金最低報價為 0.25 指數點。

交易時間：週日下午 6:00 - 週五 - 下午 5:00 東部時間（美國東部時間下午 5:00 - 下午 4:00），每日維護期從下午 5:00 開始 - 下午 6:00 東部時間（中部時間下午 4:00 - 5:00）

合約月份：連續 9 個季度的季度合約和另外 3 個 12 月合約月份。

行使價：價內、平價和價外行使價，交易所會按市價添加新行使價系列。

微價入值 (CAB)：0.05 個指數點。

最後交易日：交易於合約季度的第三個星期五美國東部時間上午 9:30 結束。

到期日：到期月份的第三個星期五。

行使方式：美式，在到期前可行使。

結算方式：交收標的期貨合約結算。

行權結算金額：價外期權：結算價為 0；

價內期權：行使價乘合約乘數。

持倉限額和行權限制：沒有持倉限額和行權限制。

編目

書　　目：期權攻略

作　　者：黃栢中

回應可傳至：pcwonghk@hotmail.com

出　　版：寶瓦出版有限公司

出版公司電話：+852-55425000

出版公司電郵：info@provider.com.hk

出　版　地：香港

出版日期：2023 年 5 月（五版）

國際書號 ISBN: 978-988-75675-7-8

定　　價：港幣 $233

Title:　　　Options Strategy

Author:　　Wong Pak Chung

Feedback to author: pcwonghk@hotmail.com

Publisher: Provider Publishing Limited

Tel. No. of Publisher: +852-55425000

E-mail Address of Publisher: info@provider.com.hk

Place of Publication: Hong Kong

Edition:　　Fifth edition, May 2023

ISBN: 978-988-75675-7-8

Price:　　　HK$ 233